Noyingthung Kikon

Gestão das infestantes no arroz de sementeira direta de terras altas

Noyingthung Kikon

Gestão das infestantes no arroz de sementeira direta de terras altas

Estudos sobre métodos físicos e químicos de controlo de infestantes

ScienciaScripts

Imprint

Any brand names and product names mentioned in this book are subject to trademark, brand or patent protection and are trademarks or registered trademarks of their respective holders. The use of brand names, product names, common names, trade names, product descriptions etc. even without a particular marking in this work is in no way to be construed to mean that such names may be regarded as unrestricted in respect of trademark and brand protection legislation and could thus be used by anyone.

Cover image: www.ingimage.com

This book is a translation from the original published under ISBN 978-3-659-91648-9.

Publisher:
Sciencia Scripts
is a trademark of
Dodo Books Indian Ocean Ltd. and OmniScriptum S.R.L publishing group

120 High Road, East Finchley, London, N2 9ED, United Kingdom
Str. Armeneasca 28/1, office 1, Chisinau MD-2012, Republic of Moldova, Europe
Managing Directors: Ieva Konstantinova, Victoria Ursu
info@omniscriptum.com

Printed at: see last page
ISBN: 978-620-3-24464-9

Para a mãe

RECONHECIMENTO

Gostaria de expressar o meu profundo apreço e a minha sincera gratidão às seguintes pessoas e instituições...

Dr. T. Gohain, Professor Associado, Departamento de Agronomia, NU, SASRD, Campus de Medziphema, Nagaland, pela sua orientação especializada, encorajamento constante, críticas positivas e grande interesse durante todo o curso da investigação.

Dr. Iswar Chandra Barua, Cientista Sénior (Ecologia), AICRP sobre controlo de ervas daninhas, Departamento de Agronomia, AAU, Jorhat, pelo seu grande interesse e valiosa ajuda na identificação da flora de ervas daninhas recolhida durante o trabalho.

Departamento de Agronomia, NU, SASRD, Medziphema, por ter disponibilizado todas as instalações e assistência necessárias durante o inquérito.

A minha mãe, o meu pai e os meus irmãos Abemo e Okharo, pela sua inspiração constante, resistência incessante, orações crescentes e apoio moral e físico incondicional, sem os quais nunca teria concluído o meu trabalho.

Dr. NOYINGTHUNG KIKON

ÍNDICE

LISTA DE ABREVIATURAS

a.i	Active Ingredient
BCR	Benefit Cost Ratio
CD	Critical Difference
DAS	Days After Sowing
df	Degree of Freedom
EC	Emulsified Concentration
FAO	Food and Agricultural Organization
et al.	And others
FYM	Farm Yard Manure
HI	Harvest Index
IRRI	International Rice Research Institute
ICAR	Indian Council of Agricultural Research
MOP	Murite of Potash
MSS	Mean Sum of Square
NEHR	North East Hill Region
NPK	Nitrogen, Phosphorus and Potassium
NS	Non-Significant
NU	Nagaland University
SS	Sum of Squares
SEm	Standard Error of Mean
SSP	Single Super Phosphate
SASRD	School of Agricultural Sciences and Rural Development
WCE	Weed Control Efficiency

CAPÍTULO 1
INTRODUÇÃO

O arroz (*Oryza sativa* L.) pertence à família Poaceae e é uma das mais importantes culturas de cereais e um alimento básico para mais de 50% da população mundial (Fageria e Baligar, 2003). O arroz é cultivado principalmente nas regiões tropicais e subtropicais, com pelo menos 114 países a cultivar arroz numa área total de 160,2 milhões de hectares, com uma produção total de 691,6 milhões de toneladas (Anonymous, 2013). Os países asiáticos produzem cerca de 90% do total da produção mundial de arroz, com dois países, a China e a Índia, a produzirem mais de metade da colheita total (MacLean *et al.*, 2002). O arroz é cultivado em quatro grandes ambientes de cultivo: Terras altas, terras baixas de sequeiro, terras baixas irrigadas e águas profundas. O arroz de terras altas é um sistema importante de cultura de arroz, constituindo 13% da área total de arroz no mundo, com uma produtividade de 1t/ha, contribuindo apenas 4% para a produção mundial total de arroz, e é cultivado principalmente na Ásia, África e América Latina. O arroz de terras altas descreve o cultivo de arroz "de sequeiro" em campos bem drenados e não irrigados, desde o cultivo itinerante até sistemas relativamente intensivos.

Na Índia, o arroz é o alimento de base para mais de 65% da população e é cultivado numa área de 43,949 milhões de hectares, com uma produção de 106,65 milhões de toneladas e uma produtividade de 2,42 t/ha (Anónimo, 2015a), dos quais o arroz de terras altas ocupa uma área de 7,1 milhões de hectares (Moorthy e Mishra, 2004), contribuindo com 10% da produção total de arroz (Mishra, 2003). A área de arroz de terras altas com sementeira direta na Índia situa-se em Bihar, Uttar Pradesh, Madhya Pradesh, Gujarat, Maharashtra, Orissa, Bengala Ocidental, Kerala, Himachal Pradesh, Assam,

Meghalaya, Nagaland, Tripura,

Arunachal Pradesh e Mizoram. No nordeste da Índia, o arroz de terras altas de sementeira direta é cultivado em mais de dois terços da área total cultivada (Borthakur, 1997), com uma produção total de 6,75 milhões de toneladas e uma produtividade de 2,05 t/ha (Anónimo, 2015b). Em Nagaland, o arroz é cultivado numa área total de 189480 hectares com uma produção de 429640 toneladas, das quais o arroz de sequeiro ocupa uma área de 94700 hectares com uma produção de 181820 toneladas (Anónimo, 2014). A maior parte da área de atividade agrícola em Nagaland é cultivada em Jhum, onde o arroz é cultivado nas terras altas, nas encostas de culturas itinerantes e em terraços de cultivo de sequeiro.

As infestantes são a maior limitação ao rendimento do arroz aeróbio, contribuindo em cerca de 50% para as quebras de rendimento, seguidas em importância pela deficiência de N, pragas e doenças (Anónimo, 1996). Os rendimentos do arroz de terras altas cultivado em condições de sequeiro são sempre baixos devido à forte infestação de infestantes. O problema das infestantes é mais grave no arroz de sequeiro de sementeira direta do que no arroz de sequeiro transplantado. Um vasto espetro de ervas daninhas infesta os campos de arroz (De Datta, 1981). Na cultura de semente seca, a competição das ervas daninhas é muito severa desde o início - as sementes da cultura e das ervas daninhas germinam simultaneamente, eliminando a vantagem do "arranque" das plântulas transplantadas, e as ervas daninhas, sendo mais vigorosas, sufocam a cultura (Moody e Mukhopadhyay, 1982). As ervas daninhas competem com as culturas por nutrientes, água, espaço e luz, reduzindo assim consideravelmente o rendimento das culturas. A extensão das perdas devidas às ervas daninhas depende da intensidade da infestação, da época de ocorrência e do tipo de ervas daninhas. As infestantes vivas ou em decomposição podem segregar exsudados radiculares tóxicos que deprimem o crescimento normal da planta do arroz. Do mesmo modo, as ervas daninhas exigem uma grande quantidade de mão de obra para o seu controlo. O controlo das ervas daninhas sempre foi um dos principais factores de produção do arroz e, sem um controlo eficaz das ervas daninhas, mesmo a melhor variedade de arroz não produzirá o seu rendimento potencial. No passado, as tentativas de introduzir o arroz de semente seca falharam devido à falta de tecnologia adequada de controlo de infestantes (Moody e Mian, 1979).

Antes da introdução dos herbicidas, os agricultores baseavam-se principalmente em métodos físicos/não químicos de controlo das infestantes. Os métodos físicos de controlo das infestantes podem variar desde simples instrumentos manuais até complexas máquinas de mondar com vários motores, operadas por tractores, e implicam a utilização de trabalho manual, de força animal ou de combustível para fazer funcionar as alfaias e a maquinaria que escava as infestantes. O método mais comum de controlo físico das infestantes antes da adoção dos herbicidas era a lavoura. A lavoura prepara o solo para o estabelecimento da cultura e o crescimento da planta (Buddenhagen e Bidaux, 1978) e a seleção de práticas de lavoura apropriadas assume grande importância para o estabelecimento de um bom povoamento da cultura, facilitando um crescimento luxuriante da cultura e atingindo rendimentos óptimos da cultura. Os métodos de lavoura geralmente têm sua maior influência no crescimento da planta no início da estação de crescimento, durante a germinação e extensão da raiz. O afrouxamento do solo e o aumento da porosidade através da lavoura formam um reservatório para armazenamento temporário de água e podem evitar perdas de escoamento e erosão (Fagade, 1976). A lavoura também incorpora resíduos de culturas e fertilizantes, aumenta a porosidade e o arejamento, dá ao solo uma inclinação fina para aumentar a absorção de nutrientes e aumenta o fornecimento de humidade à interface semente-solo. Embora a mobilização do solo não elimine totalmente a necessidade de outras formas de controlo de ervas daninhas, ajuda a reduzir o crescimento subsequente de ervas daninhas e a pós-sementeira de insumos de controlo de ervas daninhas. As operações de lavoura controlam principalmente as ervas daninhas, arrancando e destruindo as ervas daninhas estabelecidas que crescem no campo. Verificou-se que a lavoura de verão e o empoçamento controlam eficazmente as gramíneas e os juncos no arroz (Bayan *et al.* 1999). Os solos agrícolas contêm muitas sementes de ervas daninhas não germinadas e a distribuição e viabilidade do banco de sementes de ervas daninhas no solo é muito influenciada pelas operações de lavoura. A lavoura pulveriza o solo para criar condições ideais para a germinação de sementes de ervas daninhas que podem ser destruídas posteriormente com operações de lavoura adicionais, esgotando assim o banco de sementes de ervas daninhas em o solo. No entanto, a lavoura pode enterrar algumas sementes de ervas daninhas e expor outras que estão profundamente enterradas, contribuindo assim para a acumulação ou supressão de algumas espécies de ervas daninhas. Para um controlo eficaz das ervas daninhas através da mobilização do solo, são utilizadas culturas frequentes e repetidas, no entanto, a frequência, o momento e a profundidade do cultivo são factores importantes, que não só determinam o nível de controlo das ervas daninhas, mas também a economia das operações de mobilização do solo.

Outros métodos de controlo físico de ervas daninhas, como a monda manual e a sacha, continuam a ser o método mais prático de controlo de ervas daninhas em muitos países em desenvolvimento, especialmente em pequenas áreas. Apesar de ser trabalhoso e cansativo, a monda manual é bastante eficaz se for utilizada no momento certo e pode efetivamente proporcionar um controlo de largo espetro das três categorias de ervas daninhas: gramíneas, juncos e ervas de folha larga. A monda manual é de particular importância quando o terreno e o clima não são adequados para sistemas mecanizados e também ajuda o agricultor a controlar regularmente as ervas daninhas. (Hooda, 2002) e também particularmente quando o terreno e o clima não são adequados para sistemas mecanizados. Dixit e Singh (1981) relataram que a monda manual duas vezes foi o melhor tratamento de controlo de ervas daninhas, produzindo o maior rendimento de grãos. O cultivo intercalar com alfaias mecânicas é outro método eficaz e barato de controlo das infestantes em culturas semeadas em linha, tendo sido documentado por numerosos investigadores. A monda mecânica com alfaias como a enxada de roda foi considerada mais rápida e mais barata do que a monda manual, proporcionando um controlo das ervas daninhas comparável ao da monda manual. Upadhyay e Chaudhary (1979) referiram que a sacha e a monda às 3 e 6 semanas após a sementeira do arroz permitiam obter o máximo lucro. Com a introdução de herbicidas sintéticos, o controlo químico das ervas daninhas tornou-se popular entre os agricultores, sendo o meio mais eficiente de reduzir a competição das ervas daninhas com um custo mínimo de mão de obra (Baloch, 1994). A monda química reduziu consideravelmente a quantidade de factores de produção necessários para a monda em termos de redução da mão de obra e do equipamento necessário, o que permitiu uma maior flexibilidade na escolha dos sistemas de gestão. A utilização de herbicidas como tratamento de pré-plantação e pré-emergência controla as ervas daninhas antes da sua emergência do solo, dando à cultura a vantagem de crescer num ambiente livre de ervas daninhas, com um mínimo de competição durante a fase de plântula. Nas culturas semeadas a lanço e com espaçamento estreito, a utilização de produtos químicos é a forma mais eficaz de controlar as infestantes. Além disso, as infestantes de raízes profundas e vegetativamente propagadas, como *Cyperus roduntus,* que são difíceis de controlar com métodos físicos, foram eficazmente controladas com herbicidas translocados.

Cada técnica de controlo de ervas daninhas tem as suas próprias vantagens e desvantagens, para além de a composição das espécies de ervas daninhas variar entre ambientes de cultivo, pelo que não é possível um único método de controlo de ervas daninhas. Operações de lavoura excessivas reduzem o restolho e a cobertura de lixo, aceleram a erosão do solo, aceleram a decomposição e a perda de matéria orgânica e aumentam a salinização. Pode trazer à tona sementes dormentes enterradas no solo e, por outro lado, pode enterrar outras sementes e aumentar o banco de sementes de ervas daninhas no solo. A monda manual é fastidiosa, consome muito tempo e é menos rentável para grandes áreas. Por outro lado, a utilização excessiva de herbicidas causa poluição ambiental, riscos de deriva e induz a proliferação de biótipos de infestantes resistentes. Todos estes riscos levam à procura de métodos de controlo de infestantes mais respeitadores do ambiente e mais eficientes em termos de mão de obra. A integração de métodos físicos de controlo de infestantes, como a lavoura, com aplicação subsequente de monda química ou outros métodos físicos, como a monda manual, pode reduzir o consumo de combustível, mão de obra, maquinaria e produtos químicos e revelar-se uma estratégia de controlo de infestantes muito mais rentável. Pode constituir uma forma eficaz de manipular ou gerir as ervas daninhas. Além disso, as questões de poluição e degradação do ambiente também podem ser atenuadas com estas práticas. As estratégias integradas de controlo de infestantes podem também reduzir a acumulação de infestantes difíceis de controlar causada pela utilização contínua do mesmo método de controlo. Para que uma tecnologia de controlo de infestantes seja aceite pelos produtores de arroz de terras altas, não só deve ser eficaz como também economicamente viável. Tendo em conta o que precede, seria válido testar e recomendar estas medidas de controlo de infestantes, que constituiriam uma forma eficaz e economicamente viável de combater o problema das infestantes persistentes com que se defrontam os produtores de arroz de terras altas.

Tendo em conta a informação factual acima descrita, o presente trabalho foi realizado para testar diferentes métodos físicos e químicos de controlo de infestantes em arroz de sequeiro de sementeira direta, com os seguintes objectivos

1) Estudar o efeito da lavoura e da gestão das ervas daninhas e suas interações no crescimento das ervas daninhas no arroz de sementeira direta.
2) Estudar o efeito da lavoura e da gestão de ervas daninhas e suas interações no crescimento e rendimento do arroz de sementeira direta.
3) Estudar os aspectos económicos da cultura do arroz de sequeiro.

CAPÍTULO 2
REVISÃO DA LITERATURA
2.1. Flora infestante dos campos de arroz de terras altas

A flora de um determinado local depende principalmente de factores pedológicos e climáticos. Como tal, existem grandes variações nas comunidades de ervas daninhas encontradas nas áreas de cultivo de arroz do mundo. A flora infestante do arroz de terras altas é constituída por gramíneas, juncos e ervas daninhas de folha larga e surge em três fluxos que coincidem com as fases de plântula, perfilhamento e reprodução.

Existem mais de 100 espécies de infestantes distribuídas nas condições do arroz de terras altas, das quais 15-20 espécies são geralmente consideradas como infestantes problemáticas (Mishra, 2003).

Um estudo realizado sobre a competição de plantas daninhas em arroz de terras altas de sequeiro indicou que as principais plantas daninhas associadas eram *Eleusine indica, Cynodon dactylon, Digitaria sanguinalis, Setaria glauca, Cyperus rotundus, Cyperus iria, Fimbristylis miliacea, Myllinga brevifolia, Ageratum Conyzoides* e *Borreria hispida* (Sarmah, 1984).

Angadi *et al.* (1991) referiram que as ervas daninhas comuns encontradas nos campos de arroz de terras altas eram *Echinochloa colonum, Panicum spp, Digitaria spp, Ischaemum reogosum, Cyperus iria, Cyperus rotundus, C. difformis, Cyanotis spp, Commelina benghalensis, Spilanthes paniculata, Ageratum conyzoides* e *Eclipta prostata*.

Kalia e Bindra (1996) estudaram as condições do arroz de terras altas na estação de investigação de Malan e referiram que, entre as gramíneas, *Echinochloa colonum, Echinochloa crusgalli, Digitaria spp, Cynadon dactylon,* entre os juncos *Cyperus rotondus, Cyperus iria, Cyperus differmis, Fimbristylin lattoralis* e entre as infestantes de folhas largas *Commelina benghalensis, Sesbania spp. e Ageratum conyzoides* constituíam a principal flora infestante.

Singh *et al.* (2002) referiram que a flora infestante do arroz de terras altas semeado diretamente em Uttaranchal era constituída por *Echinochloa colonum, Echinochloa Crusgalli, Digitaria sanguinalis, Eleusine indica, Dactyloctenium aegyptium, Setaria spp, Celesia argentia, Commelina spp., Physalis minima, Ipomea spp., Trianthema monogyna, Portulaca oleracea, Cyperus rotundus* e *Cynodon dactylon.*

Mishra (2003) referiu que as principais espécies de infestantes do arroz de terras altas são *Aeschynomene americana L., Aeschynomene indica L., Agertum conyzoides L., Commelina nudiflora* L., *Cynodon dactylon* (L) Pers., *Cyperus cuspidatus* Kunth, *Cyperus iria* L., *Cypers rotundus* L., *Celosia argentea* L., *Dactylocteium aegyptium* (L) willd., *Digitaria ciliaris* (Retz) Koel., *Echinochloa colona* (L) link., *Euphorbia spp., Paspaluum orbiculare* Forst, *Panicum repens* (L), *Eleusine indica* (L) link., *Richardia scabra* (L), *Saccharrum officinarum* (L), *Setaria glauca* (L) Beauv.

2.1.1. Flora infestante do arroz de terras altas em Nagaland

Em Nagaland, a época de cultivo do arroz de sequeiro estende-se de abril a setembro e, devido à humidade óptima do solo e à temperatura favorável na altura da sementeira, uma grande variedade de infestantes concorre vigorosamente com o arroz de sequeiro desde a sementeira até à colheita. As infestantes causam uma redução relativamente maior da produção em condições de sequeiro, principalmente devido à fraca germinação, ao estabelecimento irregular do povoamento e à lenta taxa de crescimento do arroz, que proporcionam condições favoráveis ao crescimento eficiente das infestantes.

Singh (1988) referiu que as espécies de infestantes predominantes no arroz de terras altas de Nagaland eram *Borreria hispida, Ageratum conyzoides, Digitaria sanguinalis, Setaria glauca* e *Cynodon dactylon.*

Singh (1997) efectuou um levantamento de ervas daninhas durante a época da colheita no bloco de Medziphema, Nagaland, e verificou que os campos de Jhum estavam infestados de *Borreria hispida, Ageratum conyzoides, Cyperus rotundus, Axonopus Compressus, Mikania micrantha, Solanum khasianum* e *Euphorbia hirta.*

As ervas daninhas predominantes nos arrozais de terras altas de Nagaland eram *Cynadon dactylon, Eleusine indica, Digtaria sanguinalis, Seteria glauca, Imperata cylindrical, Echinochloa colonum, Cyperus rotundus, Cyperus iria, Borreria hispida, Amaranthus viridis, Ageratum conyzoides. Mikania micrantha, Euphorbia hirta, Cassia tora* e *Mimosa pudica* (Longchar, 2000).

2.2. Perdas de rendimento do arroz devido a infestantes

As infestantes competem com as culturas por nutrientes, água, luz e espaço, reduzindo assim consideravelmente o rendimento das culturas. A extensão das perdas de rendimento devidas às infestantes depende da intensidade da infestação, do tempo de ocorrência e do tipo de infestantes. Embora a maioria das pessoas se dedique à agricultura, apenas alguns se apercebem das enormes perdas causadas pelas infestantes. A produção de culturas é, em grande parte, uma batalha contra as infestantes. Mais de metade do custo de cultivo de uma cultura é necessário devido à presença de plantas indesejáveis (Thakur, 1997).

A redução do rendimento em 50 a 60 por cento e, por vezes, o fracasso total da cultura devido à infestação de ervas daninhas em condições de sementeira direta em terras altas foi relatada por vários trabalhadores na Índia (Singh e Mani, 1981; Pillai, 1977).

Neog (1982) relatou que a redução do rendimento de grãos devido a ervas daninhas foi tão alta quanto 78,8% em arroz de terras altas, semeado diretamente.

No ecossistema, as ervas daninhas não controladas competem com as plantas de arroz por nutrientes leves e humidade, resultando numa redução do rendimento dos grãos até 80% (Behera, 1992).

Numa experiência de gestão integrada de ervas daninhas, Patel *et al.* (1997) estimaram que o rendimento dos grãos foi reduzido em 48,6% devido às ervas daninhas.

Kumar *et al.* (1998) relataram que as ervas daninhas causam uma tremenda redução no rendimento de grãos, variando de 15 a 65%, dependendo dos métodos de cultivo, espécies, intensidade e estágio da infestação de ervas daninhas. A redução do rendimento deve-se principalmente ao fraco desenvolvimento dos perfilhos como resultado da competição das ervas daninhas com a cultura.

Singh e Kumar (1988) registaram uma perda de 86% no rendimento de grãos devido a ervas daninhas não controladas em arroz de terras altas com sementeira direta. Singh *et al.* (2002) também registaram uma redução do rendimento de grãos de arroz de 5-100% devido à infestação de infestantes.

Mishra (2003) referiu que as ervas daninhas causam perdas de rendimento de 50 a 100% e deterioram a qualidade do produto.

2.3. Período crítico de competição entre culturas e ervas daninhas

O período de tempo mais curto, durante o período de crescimento da cultura, em que a monda resulta em rendimentos económicos mais elevados, é conhecido como o período crítico da competição cultura-ervas daninhas. O nível de rendimento da cultura obtido pela monda durante este período é quase semelhante ao obtido em condições de estação inteira sem infestantes . Portanto, é necessário conhecer o período mais crítico em que a cultura deve ser mantida livre de ervas daninhas para obter o máximo rendimento. O aspeto do período crítico de competição entre a cultura e as infestantes é muito importante, especialmente no arroz de terras altas, porque a ocorrência e infestação de infestantes no arroz de terras altas é mais grave do que no arroz de terras baixas. O atraso na monda não compensa os danos já causados à cultura pelas infestantes.

Gopal Naidu e Bhan (1975) referiram que o rendimento máximo de 57,79 q/ha foi registado quando a parcela foi mantida livre de ervas daninhas durante os primeiros 45 dias após a sementeira, ao passo que foi de apenas 19,86 q/ha quando as parcelas foram mantidas livres de ervas daninhas durante zero dias. O aumento do rendimento de grãos de 64, 130 e 190 por cento foi observado com o aumento dos períodos livres de ervas daninhas até 15, 30 e 45 DAS, respetivamente, em comparação com a ausência de capina.

Estudos sobre o controlo de infestantes indicaram que a competição mais significativa entre as infestantes pode ocorrer numa determinada fase do crescimento da cultura e que, se a monda for atrasada durante este período, o rendimento dos grãos pode ser irreversivelmente prejudicado. O período crítico de competição das infestantes no período inicial de crescimento é até 40-45 DAS (Zimdhal, 1980).

Singh *et al.* (1999) referiram que o período inicial de 45 dias sem ervas daninhas resultou em rendimentos significativamente mais elevados de grãos e palha de arroz e em menor peso seco e absorção de nutrientes pelas ervas daninhas.

Singh *et al.* (2000) observaram que a competição das plantas daninhas no arroz existe até 10-45 dias após a sementeira. Os períodos críticos para remover as ervas daninhas do campo aos 20 DAS e 35 DAS dão melhor rendimento.

Singh (2001) relatou que, no arroz de terras altas, uma situação livre de ervas daninhas de 5560 dias na monção e 70 dias no verão foi considerada crítica. Foram identificados dois períodos críticos para a remoção de ervas daninhas, que correspondiam ao período de perfilhamento máximo, em que o maior dano era causado pela redução do número de panículas, e o segundo durante o estágio inicial de maturação, que reduzia o peso dos grãos.

Singh *et al.* (2002) relataram que a cultura de terras altas com sementeira direta requer uma duração inicial de 40-45 dias sem ervas daninhas. O estádio de perfilhamento máximo e o estádio anterior à cabeça são os mais sensíveis à competição com as ervas daninhas, o que resulta na redução do número de panículas, causando graves perdas de rendimento de grãos.

Mishra (2003) referiu que as primeiras 5-6 semanas são o período mais crítico para o controlo das infestantes no arroz de terras altas.

2.4. Efeito da lavoura e da gestão das ervas daninhas

Bhan e Tilak (1964) relataram que a cultura de arroz cultivada com boa lavoura produziu maior área foliar e mais perfilhos.

Deomompa e Barker (1969) referiram que a gradagem é fundamental para reduzir a população de ervas daninhas no arroz. Os produtores de arroz geralmente afirmam que o rendimento do arroz aumenta à medida que aumenta o número de culturas utilizadas para a preparação do terreno. No entanto, Elias (1969) relatou que a preparação da terra para o arroz poderia ser reduzida a uma operação de lavoura sem qualquer efeito prejudicial no rendimento se as ervas daninhas fossem controladas antes do cultivo.

Horowitz (1972) relatou que *Cyperus rotundus* L. que começou a partir de um único tubérculo se espalhou por uma área de 56,7 m^2 no final da segunda estação de crescimento. Os herbicidas que se translocam rapidamente para os tubérculos para impedir a regeneração dos tubérculos podem ser mais eficazes no controlo desta infestante *(Cyperus rotundus* L.).

Curfs (1975) observou uma maior supressão de ervas daninhas no arroz com o aumento do grau de mobilização do solo.

Moody (1975) referiu que, tal como a monda manual, a monda com enxada tem desvantagens, mas é mais rápida, pode ser efectuada mais cedo e, se as ervas daninhas dentro da linha forem removidas à mão, é mais completa.

Durante o Projeto de Investigação Coordenada Internacional, 1970-1976, sobre a mecanização da produção de arroz na Nigéria, a eficiência das máquinas foi testada para o controlo de ervas daninhas. Um estudo registou o tempo necessário para cada método de monda, a monda manual demorou 500 horas ha^{-1} e a monda com enxada demorou 260 horas ha^{-1}. A sacha com enxada foi tão eficaz como a sacha manual. Os métodos mecânicos são mais rápidos mas menos eficazes do que a sacha e a monda manual (Anonymous, 1976).

Fagade (1976) relatou que a sacha aos 14 e 28 dias após a sementeira deu o maior rendimento de arroz de terras altas, na Nigéria.

Borgonain e Upadhaya (1976) realizaram uma experiência de campo no verão de 1975 e 1976 na Assam Agril. University Farm, Jorhat, em solo franco-arenoso, sobre o controlo de ervas daninhas em arroz de terras altas (*Oryza sativa* L. 'Pusa 2-21') e relataram que a aplicação pré-emergência de butacloro a 1,5 kg a.i./ha foi tão eficaz como a monda manual no controlo de ervas daninhas no arrozal. Entre os herbicidas, o butacloro a 3 kg a.i./ha foi significativamente superior no que respeita ao rendimento do grão.

Os resultados do IRRI, nas Filipinas, indicaram que o butacloro, o tiobencab e a flurodifena foram os herbicidas mais eficazes quando pulverizados antes da germinação das sementes de ervas daninhas e de arroz (Anónimo, 1977).

Um dos principais benefícios atribuídos à lavoura é a supressão do crescimento de ervas daninhas (De Datta, 1977).

Ghosh *et al.* (1977) verificaram que 4 mondas manuais resultaram em rendimentos mais elevados do que o melhor tratamento herbicida de alaclor a 2 kg a.i. ha^{-1} em arroz.

Singh e Chauhan (1978) verificaram que a aplicação de 2 kg de butacloro + 1 monda manual era mais económica do que 3 mondas manuais para a gestão de ervas daninhas em arroz de terras altas.

Clarete e Mabbayad (1978) referiram que, apesar das suas desvantagens, 1 a 4 mondas manuais após a sementeira do arroz de terras altas controlam melhor as infestantes. A primeira monda manual deve ser efectuada 12 a 30 dias após a sementeira, seguida de mondas aos 40 a 85 dias após a sementeira.

Moody e Mian (1979) referiram que o rendimento máximo pode ser obtido com arroz de semente seca se forem efectuadas três mondas durante as primeiras oito semanas de crescimento da cultura. Em muitos casos, a terceira monda pode não ser necessária, devendo ser suficientes duas mondas durante as primeiras cinco ou seis semanas de crescimento da cultura.

Tasic *et al.* (1979) referiram que, nas Filipinas, a aplicação de butacloro a 2 kg a.i. ha^{-1} era mais rentável do que 2 a 3 mondas manuais para controlo de infestantes em arroz de terras altas.

Upadhyay e Choudhary (1979) obtiveram lucros máximos com a sacha e a monda 3 e 6 semanas após a sementeira do arroz.

Bajpal *et al.* (1980) realizaram experiências de campo em solo franco-arenoso na nova quinta de investigação do JNKUV, Jabalpur, durante a colheita de 1980 e indicaram que o rendimento mais elevado de grãos (1144 kg/ha) de arroz foi obtido com duas mondas manuais aos 21 e 35 dias após a sementeira.

Lopez *et al.* (1980) relataram que uma monda manual 30 dias após a emergência das plântulas de arroz controlava a maioria das ervas daninhas.

Naidu e Bhan (1980) referiram que duas mondas efectuadas aos 15 e 45 ou aos 30 e 45 DAS proporcionaram rendimentos de grãos comparáveis aos obtidos em condições de ausência de ervas daninhas.

Dixit e Singh (1981) referiram que a monda manual duas vezes foi o melhor tratamento de controlo de ervas daninhas, produzindo o maior rendimento de grãos (4515 kg/ha).

Singh e Mani (1981) relataram, a partir do IARI, que herbicidas como o butacloro ou o tiobencarbe, isoladamente ou em aplicação sequencial com propanil ou bentazon, aumentaram os rendimentos de 2,0 a 3,8 toneladas/ha em arroz de sementeira direta.

Recomenda-se uma a duas capinas com enxada, 30-40 dias após a sementeira, nas zonas secas da Índia (Anónimo, 1981).

Um dos principais objectivos da lavoura é reduzir o número de ervas daninhas. A lavoura também aumenta a germinação de sementes no banco de sementes do solo. A composição das espécies e a densidade das sementes de ervas daninhas no solo diferem entre os sistemas de lavoura. Os efeitos da lavoura sobre as propriedades do solo e a colocação de sementes de ervas daninhas influenciam, por sua vez, o número e a diversidade da população de ervas daninhas (Roberts e Neilson, 1981).

Singh e Puran (1982) realizaram experiências de campo na Bihar Agril. College Farm, Sabour, Bihar, durante a estação das monções de 1981 e 1982, a fim de estudar os efeitos de vários herbicidas no controlo de ervas daninhas em condições de arroz de sequeiro de sementeira direta em diferentes sistemas de lavoura. Os resultados indicaram que não houve diferença significativa entre os tratamentos de três lavouras e paraquat (0,5 kg/ha) seguido de uma lavoura no rendimento de grãos de arroz no segundo ano, enquanto no primeiro ano os tratamentos de três lavouras foram considerados superiores a este último.

Rao (1983) referiu que o butacloro controla a maioria das gramíneas anuais e apenas algumas das infestantes de folha larga no arroz.

O Roundup CT é um herbicida pós-emergente não seletivo de largo espetro utilizado para o controlo eficaz de ervas daninhas perenes rizomatosas e de raízes profundas (Rao, 1983).

Sabio e Pastores (1983) referiram que a aplicação de butacloro demorou 186 horas ha^{-1} e a monda manual demorou 604 horas ha^{-1}.

Lakshmanon *et al.*, (1984) referiram que uma maior eficiência no controlo das ervas daninhas induz favoravelmente um melhor crescimento da cultura e rendimento de biomassa.

Reynolds (1984) referiu que a lavoura de verão é frequentemente praticada no Texas em campos infestados com arroz vermelho ou outras ervas daninhas. Após a lavoura de verão, o terreno é nivelado e gradeado com discos, conforme necessário para o controlo das ervas daninhas. Os terrenos arados no outono são geralmente deixados em bruto até à primavera e depois são gradados com grade de discos antes da sementeira. Os solos pesados, lavrados na primavera, requerem geralmente mais mobilização subsequente para obter uma cama de sementeira desejável do que quando lavrados no outono ou no início do inverno.

Kenhinde (1984) conduziu uma experiência de campo em 1984 com arroz cv. FARO II, aplicações de 1,5 e 2,0 kg de pendimethalin/ha ou 0,625 e 1,0 kg de oxadiazon foram feitas 2 dias após a semeadura. Nenhum dos herbicidas controlou eficazmente as infestantes e o maior rendimento de grãos foi obtido através de monda manual (1,84 t/ha).

Um estudo realizado no IRRI mostrou que a aplicação antes da plantação de 2 kg de glifosato com o código SC-0224 (fosfonato de trimetilsulfónio carboximetilamino metil) ha^{-1} seguido de 1,0 kg de 2,4-D ha^{-1} 20 dias após a emergência controlou completamente *Cyperus rotundus* (Anónimo, 1984).

Shivamadiah *et al.* (1984) efectuaram ensaios de campo em Herbal, na época da kharif, com arroz de terras altas. Foram aplicados tratamentos de 1,5 kg de butacloro, 2,0 kg de pendimetalina, 0,2 kg de oxifluofeno, 0,75 oxadiazão, 1,5 kg de tiobencarbe, 0,8 kg de éster etílico de 2,4-D/ha e/ou monda manual. Os autores referiram que o tratamento com herbicidas e a monda manual proporcionaram rendimentos significativamente superiores aos obtidos apenas com herbicidas. O rendimento da palha com herbicidas isolados ou com herbicida + monda manual foi de 1,12-1,90 e 1,77-3,49 t/ha, respetivamente. Os rendimentos líquidos mais elevados foram obtidos com 0,8 kg de 2,4-D-éster etílico/ha, seguido de 0,8 kg de 2,4-D-éster etílico/ha + monda manual e sacha duas vezes aos 20 e 40 dias após a sementeira.

A lavoura de outono ou de primavera pode diluir a concentração do herbicida, misturando-o num maior volume de solo, diminuindo assim os danos subsequentes nas culturas (Shea, 1985).

Wrucke e Arnold (1985) referiram que o sistema de plantio direto tem tipicamente uma população mais elevada de ervas daninhas anuais com sementes pequenas [rabo-de-raposa (*Setaria spp.*), carrapicho comum, erva-de-porco (*Amaranthus spp.*)], enquanto os sistemas de lavoura que utilizam arados de aiveca têm mais ervas daninhas anuais com sementes grandes, como o carrapicho comum (*Xanthium strumarium* L.) e a folha de veludo.

Bhan *et al.* (1985) referiram que a remoção manual de ervas daninhas duas vezes aos 15 e 30 dias após a sementeira, aos 15 e 45 DAS e aos 30 e 45 DAS, e três vezes aos 15, 30 e 45 DAS resultou numa diminuição significativa da população e da matéria seca das ervas daninhas nas fases subsequentes do crescimento da cultura em arroz de terras altas semeado com broca. A redução máxima da infestação de ervas daninhas foi registada após a sua remoção aos 15 e 45 DAS, 30 e 45 DAS e 15, 30 e 45 DAS. A remoção de ervas daninhas aos 15 e 30 DAS, 30 e 45 e 15, 30 DAS e 45 DAS facilitou a produção de matéria seca significativamente maior, mais panículas e espiguetas mais férteis pela cultura do arroz e, consequentemente, maior rendimento de grãos durante ambos os anos.

Sharma e Krishnamohan (1985) estudaram o efeito da profundidade e da frequência da lavoura no rendimento do arroz em Ranchi e referiram que a utilização de uma charrua de aivecas a uma profundidade de 30 cm por ano aumentava o rendimento do arroz devido ao controlo eficaz das ervas daninhas e à conservação adequada da humidade.

Singh e Singh (1985) referiram que a supressão efectiva das ervas daninhas por períodos mais longos desde a fase inicial de crescimento favorece a cultura na utilização efectiva de todos os recursos disponíveis, conduzindo a plantas mais altas, maior índice de área foliar e maior produção de matéria seca.

Dois herbicidas não selectivos utilizados antes da plantação, o paraquato (ião 1,1-dimetil-4, *4'* - bipiridílio) e o glifosato [N-(fosfonometil) glicina], são utilizados para eliminar as infestantes antes da plantação. O paraquato é um herbicida de contacto de ação rápida; os efeitos são visíveis num dia. O glifosato é translocado e actua mais lentamente, mas é comparativamente seguro (Gupta e Toole, 1986).

Gupta e Toole (1986) relataram que a monda manual e a aplicação de herbicidas (mistura formulada de propanil e tenoprop) sob lavoura convencional registaram rendimentos de grãos de arroz de 1,5 e 1,4 toneladas/ha respetivamente, enquanto que sob sistema de lavoura zero os mesmos tratamentos deram rendimentos de grãos de 1,4 e 1,6 toneladas/ha respetivamente.

A lavoura de verão ajuda a promover uma germinação rápida e a controlar as ervas daninhas. Em Ranchi, na Índia, a lavoura de verão com uma charrua de discos puxada por um trator reduziu melhor a população de ervas daninhas e aumentou mais o rendimento do arroz de terras altas do que com uma charrua de tábuas puxada por um boi ou um cultivador puxado por um trator (Gupta e Toole, 1986).

Akobundu (1987) recomendou a utilização de um herbicida de largo espetro com efeitos de degradação rápida antes da plantação para limpar a vegetação.

Chandrakar *et al.* (1987) realizaram uma experiência na região de Chhattisgarh, Madhya Pradesh, para estudar a eficiência das medidas de controlo de ervas daninhas em arroz de sementeira direta, e referiram que, no caso de tratamentos de controlo de ervas daninhas, duas mondas manuais aos 30 e 60 DAS registaram um rendimento máximo de grãos de 33,64 q/ha.

Singh (1988) relatou que *Borreria hispida, Ageratum conizoides, Digitaria sanguinalis, Setaria gluca* e *Cynadon dactylon* eram as principais espécies de ervas daninhas no arroz de terras altas em Nagaland. Butachlor 1.0 kg/ha com uma monda manual 30 DAS reduziu significativamente a densidade de ervas daninhas e o peso seco em relação a butachlor 2.0 kg/ha e resultou num rendimento de grãos significativamente mais elevado. Duas capinas manuais foram o próximo melhor tratamento. O butacloro (2,0

kg/ha) reduziu o rendimento das variedades Naga Special e Jaya e os rendimentos foram iguais aos do controlo das ervas daninhas. A variedade Naga Special teve o maior rendimento quando as ervas daninhas foram controladas com duas mondas manuais.

Vaishya *et al.* (1988) realizaram experiências na Agronomy Research farm da N.D. University of Agriculture and Technology, Kumarganj, Faizabad, durante a kharif, 1987 e 1988, e referiram que a aplicação de herbicida (thiobencarb 1,5 kg/ha em pré-emergência) complementada com duas mondas manuais aos 20 e 40 DAS registou a maior eficiência de controlo de ervas daninhas e também produziu o rendimento de grãos da cultura comparável ao rendimento do tratamento sem ervas daninhas.

Mutanal *et al.* (1988) realizaram uma experiência de campo durante a estação húmida de 1987 e 1988 num solo laterítico em Sirsi (Karnataka) para avaliar a eficácia de diferentes herbicidas no controlo de ervas daninhas em arroz semeado com broca e referiram que o butacloro a 1,5 kg/ha foi eficaz no controlo de ervas daninhas monocotiledóneas e dicotiledóneas. Também referiram que a aplicação de butacloro resultou num peso seco significativamente mais baixo das infestantes e, consequentemente, num maior rendimento de grãos em comparação com o controlo sem infestantes.

Balusamy e Pothiraj (1989) referiram que a maior parte das recomendações actuais de aplicação de herbicidas pré-emergência não permitem controlar as ervas daninhas durante toda a estação devido à curta vida residual destes herbicidas.

Choudhary (1989) referiu que uma maior absorção de nutrientes pela cultura do arroz ajudava a alcançar uma maior capacidade de sumidouro através do aumento do número de panículas por m^{-2} e do número de grãos cheios por panícula, o que se reflectia positivamente num maior rendimento de grãos de arroz.

Singh *et al.* (1989) relataram que, entre os diferentes métodos de manejo de ervas daninhas, o controle de ervas daninhas tinha o menor número de perfilhos por colina.

A lavoura é a manipulação mecânica do solo para proporcionar condições ambientais óptimas para o crescimento das plantas (Bukhari *et al.*, 1989).

A lavoura de verão facilita a preparação da cama de sementes e ajuda a reter e conservar a água da chuva de forma mais eficiente (Singh e Bhattacharya, 1989).

Moorthy e Mahha (1989) referiram que foi necessária uma aplicação suplementar de herbicida após a utilização do herbicida para controlar o segundo fluxo de ervas daninhas.

Palaniswamy e Kumaron Kutty (1990) estudaram a relação entre o comprimento da panícula, a altura da panícula e a duração da floração em três variedades de arroz, a saber, TKM 6, PTB 10 e CO 29, respetivamente, e relataram que o comprimento da panícula estava correlacionado negativamente com a duração da floração e positivamente com a altura do perfilho.

Singh (1990) realizou experiências para identificar herbicidas adequados, quando aplicados isoladamente ou em combinação com a monda manual, para controlar as infestantes em condições de sequeiro em terras altas. O autor comunicou valores médios de eficiência de controlo de infestantes de 50,5% e 74,4% para o butacloro sozinho e em combinação com uma monda manual pontual, respetivamente. O controlo manual das ervas daninhas registou 80,3% de eficiência no controlo das ervas daninhas.

Singh *et al.* (1990) efectuaram uma investigação de campo durante a época de kharif de 1989 e 1990 em Barapani, Meghalaya. Foram avaliados dois sistemas de cultivo e 6 métodos de controlo de ervas daninhas. Duas capinas manuais foram relatadas para controlar as ervas daninhas de forma mais eficaz. A aplicação pré-emergente de butachlor @ 0,75 kg + 2,4-D @ 0,50 kg proporcionou maior retorno económico líquido de Rs. 5.162/ha.

A destruição mecânica da vegetação infestante existente no verão e a exposição das reservas de sementes ou propágulos de infestantes e o subsequente escaldão contribuíram para um desempenho superior da lavoura de verão no controlo das infestantes (Tewari e Singh, 1991).

Pandey *et al.* (1991) referiram que *Cyperus rotundus, Cynadon dactylon, Echipta alba, Dactyloctenium aegyptium, Fimbristylis* spp, *Echinochloa colonum, Rangia repens* e *Physalis minima* eram as principais infestantes do arroz de terras altas. Os autores referiram que o efeito do herbicida não era consistente. Durante o ano húmido, o efeito dos herbicidas foi bem pronunciado. A combinação de herbicidas e a monda manual revelou-se melhor do que o herbicida isolado. Entre as combinações, as combinações de butacloro + monda manual e pendimetalina + monda manual produziram maior rendimento de grãos em comparação com outros tratamentos.

Verificou-se que a aplicação pré-emergente de butacloro seguida de monda manual ou de aplicação pós-emergente de herbicida é eficaz no controlo das ervas daninhas e aumenta a produtividade do arroz de forma igual à obtida com repetidas mondas manuais. (Pandey *et al.*, 1991; Singh e Prakash, 1990; Moorthy, 1990; Patel *et al.*, 1997 e Pandey e Swarnkar, 1997).

Dahama *et al.* (1992) realizaram uma experiência de campo durante a estação chuvosa de 1989 e 1990 e relataram que o butacloro 50 EC @ 1,5 litros a.i./ha ou Butacloro SG @ 1,5 kg a.i/ha 45 dias após a sementeira controlaram as ervas daninhas em arroz de sementeira direta.

Moorthy e Mittra (1992) relataram que o uso de butacloro @ 1,5 a 2,0 kg a.i/ha alcançou um melhor controlo de ervas daninhas resultando num maior rendimento de grãos.

Joseph *et al.* (1992) relataram que foram encontradas interações entre lavoura, manejo de ervas daninhas e profundidade. O arado de aiveca não causou nenhuma diferença no número de sementes entre o manejo de ervas daninhas e a profundidade devido ao movimento do solo e ao baixo número de sementes. Em contraste, o plantio direto, que não teve movimento de solo e a maior resposta ao manejo de ervas daninhas, resultou na maior diferença para o manejo de ervas daninhas por profundidade.

Os efeitos da lavoura nas propriedades do solo e a colocação de sementes de infestantes influenciam tanto o número como a diversidade da população de infestantes. (Cardinal *et al.*, 1991; Clements *et al.*, 1996).

Buhler *et al.* (1992) relataram que o cultivo entre fileiras foi benéfico quando a taxa de herbicida ou a eficácia do herbicida foi reduzida. Também referiu que dois cultivos entre linhas em soja cultivada de forma convencional substituíam até 70% do controlo proporcionado pelo herbicida.

Bajpal e Singh (1992) referiram que uma maior eficiência no controlo das ervas daninhas resulta numa maior produção de perfilhos.

Frick e Thomas (1992) constataram que, embora houvesse pequenas diferenças entre os campos de lavoura convencional, reduzida e zero no sudoeste de Ontário, as comunidades de ervas daninhas eram, em geral, bastante semelhantes, apesar do sistema de lavoura utilizado.

Saha e Shrinvastava (1992) relataram que, na supressão da população e da biomassa da erva-dos-joanetes (*Cyperus rotundus*), o butacloro @ 2 kg/ha provou ser mais eficaz e, consequentemente, causou o rendimento máximo de grãos de arroz. Por outro lado, causou o máximo de danos (até 40,7 por cento) às plantas de arroz.

Moorthy e Das (1992) observaram que duas voltas de trabalho com sachador ou enxada de roda aos 15 e 30 dias após a sementeira, complementadas com monda manual, permitiam um controlo eficaz e económico das ervas daninhas.

Moorthy e Mittra (1992) relataram que a aplicação pré-emergente de butacloro a 2,0 kg/ha proporcionou um grau razoável de controlo de ervas daninhas e melhorou o rendimento da cultura, que foi comparável ou próximo da prática de monda manual. Observou-se também que esta prática de controlo químico das ervas daninhas era altamente rentável, com uma relação custo/benefício de 3,37, contra 1,85 com a prática da monda manual. É possível obter uma poupança de 73 mandays/ha recorrendo a esta prática de monda química.

Vijayabaskaran (1992) referiu que o machete, com uma atividade pós-emergência precoce, quando combinado com o roundup CT, resultou numa menor população de infestantes, peso seco das infestantes e, em última análise, numa menor remoção de nutrientes pelas infestantes.

Roy e Mishra (1993) referiram que, numa experiência realizada durante a estação das chuvas de 1992 e 1993 com arroz 'SBR 34-69-1', entre as práticas de gestão de infestantes, foi obtido um crescimento mínimo de infestantes no controlo sem infestantes, seguido do butacloro.

Sankaran *et al.* (1993) referiram que o Roundup CT matou os órgãos acima e abaixo do solo de nut sedge e *Cynadon dactylon*.

Thakur *et al.* (1993) realizaram duas experiências paralelas em vasos sobre o controlo de *Cyperus rotundus* num solo franco-arenoso neutro e referiram que, para o controlo total e a verificação da regeneração desta infestante, a aplicação foliar de glifosato a 1,0 kg/ha na fase de 4-6 folhas da infestante proporcionou um excelente controlo.

Pandey e Swarnkar (1994) efectuaram uma experiência de campo com arroz de sequeiro de terras altas cv. Annada em Jagdalpur (M.P) durante as épocas de colheita de 1993 e 1994 e relataram que a aplicação pré-emergência de butacloro 1 kg/ha sobreposta com a utilização pós-emergência de 2,4-D a 0,60 kg/ha tem uma eficiência de controlo de ervas daninhas e rendimentos de grãos de arroz semelhantes à monda manual duas vezes aos 20 e 40 dias após a sementeira.

Behera e Jena (1994) efectuaram uma experiência de campo durante a estação das chuvas. Kharif 1993 e 1994, em Chiplia, e relataram que o controlo sem ervas daninhas durante toda a estação registou significativamente a menor população de ervas daninhas e biomassa de ervas daninhas com 95,5 - 95,6% de eficiência de controlo de ervas daninhas. Isto reflectiu-se no aumento notável de panciles/m^2 efectivos, peso da panícula, rendimento de grãos e rendimentos adicionais. A aplicação sequencial de butacloro suplementada com 2,4-D Na-sal proporcionou uma maior relação custo-benefício.

O uso de energia e as emissões de carbono, libertadas pelos insumos fabricados, variam entre os sistemas de cultivo. Os custos de maquinaria e combustível tendem a ser mais baixos num sistema de cultivo de lavoura zero em comparação com um sistema de cultivo de lavoura convencional. A maioria das pesquisas anteriores indicou que o uso total de energia e as emissões de carbono dos insumos manufaturados são menores nos sistemas de cultivo de plantio direto em comparação com os sistemas de cultivo de plantio convencional (Henry, 1995).

A lavoura pode enterrar algumas sementes de ervas daninhas e expor outras que antes estavam profundamente enterradas. Além disso, a lavoura repetida arrancará e enterrará as ervas daninhas já germinadas. Numa situação de comunidade de ervas daninhas diversa, o controlo das ervas daninhas é eficaz se a lavoura for combinada com a aplicação de herbicida, porque se sabe que a lavoura aumenta a eficácia do herbicida (Bhagat *et al.*,

1996)

Jordan *et al.* (1997) realizaram experiências de campo de 1993 a 1995 para comparar o controlo de infestantes pelo sal de isopropilamina do glifosato a 0,21, 0,42 e 0,84 kg a.i./ha aplicado em três fases de crescimento das infestantes. Foi também avaliado o controlo das infestantes pelo glifosato aplicado sozinho a estas taxas ou com sulfato de amónio a 2,8 kg/ha. A folha de veludo, a sida espinhosa, a vagem em foice, a glória da manhã pilada, a glória da manhã inteira e a sesbania de cânhamo foram controladas mais facilmente quando as ervas daninhas tinham uma a três folhas, em comparação com o controlo quando as ervas daninhas tinham quatro ou mais folhas.

Mohler e Galford (1997) referiram que a composição, a densidade e a persistência a longo prazo da população de infestantes eram influenciadas pelo método, pelo momento e pela frequência do cultivo.

O rendimento máximo de grãos foi obtido quando a cultura foi mantida livre de ervas daninhas durante toda a estação de crescimento (Singh *et al.*, 1998). Por outro lado, o maior crescimento de ervas daninhas foi observado com controlo sem ervas daninhas (Reddy e Manjulatha, 1998).

No ano 2000, o maior rendimento de grãos foi obtido com a monda manual (Phogat e Pandey, 1998). No ano de 2001, os resultados foram semelhantes aos do ano anterior, confirmando o maior rendimento de grãos com a monda manual, seguida de facão e butanil (Ghosh e Moorthy, 1998).

Os solos agrícolas contêm muitas sementes de infestantes não germinadas e a distribuição e a viabilidade das sementes no banco de sementes são influenciadas pela frequência, pelo momento e pela profundidade do cultivo. A lavoura pode contribuir para a acumulação ou supressão de algumas espécies de infestantes. Verificou-se que a lavoura de verão e o empoçamento controlam eficazmente as gramíneas e os juncos no arroz (Bayan *et al.*, 1999).

Singh e Namdeo (2000) realizaram experiências de campo durante a estação chuvosa de 1999 e 2000 e referiram que a monda manual (20 e 40 dias após a sementeira) mostrou uma eficiência de 72% no controlo das ervas daninhas, com um rendimento adicional de grãos de até 9,91 q/ha e um rendimento líquido de até Rs. 5.042/ha em relação ao controlo sem ervas daninhas.

Shave e Avav (2001) realizaram um estudo para comparar a economia da luta química contra as ervas daninhas no arroz de planície plantado tardiamente e de maturação precoce, sob um sistema de cultivo mínimo e convencional. A terra foi cortada com um cutelo em meados de julho de cada ano antes da aplicação dos tratamentos. O glifosato foi aplicado com um pulverizador kanpsack em 200 litros de água ha^{-1}. 14 dias após o corte, foi efectuada uma lavoura convencional com a enxada e o arroz foi semeado a seco com 50 kg ha^{-1} por diblagem. O maior rendimento médio de grãos (2.625 kg ha^{-1}) foi obtido com a lavoura convencional. No entanto, o maior lucro líquido de US $ 495,85 foi do cultivo mínimo. O lucro baixo na lavoura convencional foi devido ao alto custo da capina com enxada. Observou-se que o cultivo mínimo com glifosato seguido de 2,4-D é recomendado para o controle de ervas daninhas em arroz de terras baixas plantado tardiamente em Makundi.

Ghosh (2001) efectuou uma investigação de campo sobre as vantagens relativas da monda manual em relação à monda química com alguns herbicidas de pré-emergência promissores durante a estação seca de 2000 e 2001 no CRRI, Cuttack, e referiu que a maior eficiência (76,8%) foi obtida com a monda manual (10 e 20 dias após a sementeira), seguida de facão @ 202 lit ha^{-1} (62,5%). O estudo revelou que a monda química com catana era bastante comparável à monda manual.

A lavoura de verão ajuda a controlar eficazmente ervas daninhas como *Cyperus rotundus*. A lavoura profunda e a subsolagem nas encostas ajudam a conservar a humidade na estação das chuvas. Permite um melhor crescimento das raízes e a extração da humidade do solo da camada profunda, além de facilitar a sementeira em linha (Rathore, 2001).

Yadav *et al.* (2001) realizaram 6 experiências no verão de 2000 e uma experiência em 2001 e referiram que o XL-71 AG a 12,0 g l^{-1} (1,2% Sol.) 'XL-05 AG a 120 ml l^{-1} (12% Sol) e o glifosato a 10 e 20 ml l^{-1} (1.0% e 20% Sol^n) resultaram num controlo de 75-98% de *Cynadon dactylon, Cyperus rotundus, Trianthema portulacastrum, Dactyloctenium aegyptuim, Echinochloa colonum, Achyranthes asper, Sorghum halepense, Saccharum spontaneum, Erigeron canadenis, Parthenium hyterophorus, Typha augustata* e *Pluchea lanceolata* até 60-90 dias após o tratamento (DAT). A data de toxicidade registada em 2 experiências aos 300 DAT também indicou que, mesmo sob os tratamentos herbicidas, (exceto nas parcelas tratadas com glifosato a 4,0 e 6.0 %, que se mostrou melhor até aos 90 DAT), houve uma recuperação/reemergência de 60-100% em várias ervas daninhas, incluindo *Cynadon dactylon, Cyperus rotudus, Trianthema portulacastrum, Dactyloctenium aegyptuim, Echinochloa colonum,* o que justifica a repetição da pulverização ou a integração com outros métodos de gestão de ervas daninhas.

O glifosato (isopropilamina) é um herbicida foliar altamente translocado que destrói as raízes e os rizomas de muitas ervas daninhas perenes. Eficaz a 1,12-3,36 kg/ha, tem um carácter praticamente não residual (Gupta, 2002).

Na lavoura convencional, o solo é aberto com um arado de aiveca para a lavoura primária. A massa de solo é quebrada num sistema solto de torrões de tamanhos mistos. Posteriormente, uma sementeira fina é preparada pela lavoura secundária, na qual se procede à trituração de torrões, reembalagem, incorporação de resíduos de plantas, fertilizantes, alisamento da superfície do solo, etc. (Reddy e Reddy, 2002).

A lavoura profunda no verão expõe as partes subterrâneas, como rizomas e tubérculos de ervas daninhas perenes e detestáveis, ao sol escaldante do verão e mata-as. A lavoura convencional, que inclui 2 a 3 lavouras, seguida de gradagem, diminui o problema das ervas daninhas. A grade de lâminas cortam as ervas daninhas e matam-nas (Reddy e Reddy, 2002).

O controlo da erva-bermuda pela lavoura de verão pode ser melhorado através do pré-condicionamento pela aplicação de herbicida como dalapon, TCA, diuron, glifosato, amitrole-T e uraciln (Gupta, 2002).

Saha *et al.* (2003) relataram em ensaios participativos de agricultores, conduzidos para avaliar o desempenho de diferentes técnicas de gestão de ervas daninhas para melhorar a produtividade geral e o rendimento do arroz de sequeiro, que o maior rendimento de grãos (2,92 t ha^{-1}) foi registado com a monda manual duas vezes aos 20-25 e 40-45 dias após a sementeira (DAS). No entanto, o controlo mecânico das ervas daninhas utilizando uma sachadora combinada com uma monda manual e a aplicação pré-emergente de butacloro a 1,25 kg ha^{-1} combinada com uma monda manual provou ser mais rentável do que a monda manual aos 45-50 DAS.

Sathyamoorthy *et al.* (2004) relataram que a lavoura de verão com culturas intercalares registou o menor total de matéria seca de ervas daninhas. A aplicação pré-semeada de glifosato @ 1,6 kg a.i ha^{-1} + aplicação pré-emergente de butacloro @ 1,25 kg a.i ha^{-1} seguida de 1 e 2 capinas manuais estão a par entre si e são significativamente superiores a todos os outros tratamentos. Aos 35 dias após a sementeira, os tratamentos de monda manual registaram o peso seco e a remoção de nutrientes mais baixos pelas ervas daninhas, no entanto, este tratamento estava a par com os tratamentos anteriores durante a época de kharif, tendo sido observadas algumas variações na época de rabi.

A enxada de rodas é uma máquina simples, que pode acelerar consideravelmente uma operação de sachadura sem ter de curvar as costas do operador. Existe em muitas formas, mas a versão mais simples é uma estrutura lateral equipada com 2 rodas, que se estende ao longo de uma linha de cultura, embora uma versão com uma única roda possa funcionar num beco. A armação está equipada com 2 enxadas em forma de 'L' ou, em alternativa, com dentes de cultivo, etc., e é empurrada ao longo da linha por meio de pegas compridas (Lawson, 2004).

A lavoura de verão é feita para quebrar a camada superior dura de modo a tornar o solo recetivo às chuvas de monção e ajuda a aumentar a retenção de humidade. A lavoura de outono/verão é recomendada todos os anos/épocas em solos mais leves (Dass *et al.*, 2004).

Chhokar *et al.* (2005) referiram que, no trigo de plantio direto, no caso de campos fortemente infestados com ervas daninhas perenes ou anuais, a pulverização de 0,5 por cento de glifosato (round up ou glycel 41 por cento SL.12. Sols ml/litro de água) 1-2 dias antes da sementeira controla eficazmente as ervas daninhas.

Singh *et al.* (2005) estudaram o efeito dos métodos de estabelecimento do arroz e das práticas de gestão das infestantes nas infestantes e no rendimento de grãos do arroz. A redução máxima das espécies de infestantes foi obtida com a aplicação de herbicidas em pré-emergência complementada por duas mondas manuais aos 30 e 60 DAS/DAT em todos os sistemas de estabelecimento do arroz. No arroz de plantio direto, a aplicação de herbicida em pré-emergência, complementada por duas capinas manuais, também resultou na redução máxima da matéria seca das ervas daninhas.

Krishnaveni *et al.* (2005) relataram que duas lavouras seguidas de aplicação pré-plantio de spray roundup CT com aplicação pré-emergente de facão registraram significativamente a menor população de ervas daninhas, peso seco de ervas daninhas e a maior eficiência de controle de ervas daninhas (WCE). Todos estes caracteres das ervas daninhas favoreceram o crescimento e os atributos de rendimento do arroz e, em última análise, resultaram num rendimento de grãos mais elevado de 6,2 toneladas ha^{-1}. O controlo eficaz das ervas daninhas obtido durante o período de crescimento inicial devido à aplicação pré-plantação de roundup CT foi prolongado até aos 35 DAT com a aplicação pré-emergência de machete. Os factores como a prevenção da germinação de sementes de ervas daninhas e o controlo eficaz das ervas daninhas germinadas resultaram no elevado WCE (84,4%) obtido em duas lavouras com pulverização de roundup CT seguida da aplicação de machete.

Mirza *et al.* (2007) referiram que a densidade de ervas daninhas era significativamente maior em parcelas sem ervas daninhas do que noutros tratamentos.

CAPÍTULO 3
MATERIAIS E MÉTODOS

O presente trabalho foi realizado durante a época da colheita de 2007 na exploração experimental do SASRD, NU, Campus de Medziphema, Nagaland. Os pormenores da metodologia e dos materiais utilizados durante a investigação são discutidos neste capítulo.

3.1. Informações de carácter geral
3.1.1. Localização

O presente estudo foi efectuado na exploração experimental do SASRD, Campus de Medziphema, Nagaland, situada a 25° 45' 43" de latitude norte e 93° 53' 04" de longitude leste, a uma altitude de 310 m acima do nível médio do mar.

3.1.2. Condições climáticas

O clima do local experimental era uma zona de clima tropical sub-húmido com elevada humidade relativa, temperatura moderada e precipitação média a elevada. A temperatura média varia entre 21° C e 30° C durante o verão e raramente desce abaixo dos 8° C no inverno devido à elevada humidade atmosférica. A precipitação média varia entre 2000 e 2500 mm a partir de abril e termina no mês de setembro, enquanto o período de outubro a março permanece comparativamente seco. O quadro 1 e a figura 1 apresentam um relatório meteorológico pormenorizado durante o período do inquérito.

Quadro 1. Dados meteorológicos durante o período de inquérito

Week No.	Month	Average Temperature (°C)			Total Rainfall (cm)	Relative Humidity (%)
		Maximum	Minimum	Mean		
20	May	30.00	22.20	26.10	7.40	84.00
21		31.21	23.2	27.10	15.04	79.4
22	June	31.97	23.25	27.61	12.50	83.00
23		31.54	25.84	28.68	8.56	78.28
24		31.20	25.80	28.50	9.62	79.14
25		25.20	25.50	25.35	9.10	80 .00
26		30.50	26.08	28.29	12.82	79 .00
27	July	31.44	26.07	28.75	8.54	80.00
28		29.74	24.88	27.31	3.34	82.57
29		30.22	25.75	27.98	3.35	77.14
30		25.65	26.17	25.91	5.88	81.14
31	Aug	30.60	25.97	28.28	11.02	83.85
32		29.62	26.28	27.95	6.31	81.71
33		30.50	24.97	27.73	32.60	83.71
34		30.02	25.40	27.71	0.91	77.28
35		30.85	23.94	27.39	0.00	83.28
36	Sept.	29.85	23.28	26.56	16.90	84.42
37		32.22	23.17	27.69	0.17	84.14
38		31.02	23.42	27.22	10.20	85.85
39		31.02	23.20	27.11	7.75	84.42
40	Oct	29.97	21.62	25.79	1.87	84.42
41		27.40	22.00	24.70	0.00	80.14
42		28.25	21.31	24.78	4.5	83.57
43		21.00	16.34	18.67	9.51	83.00
44	Nov	27.08	18.57	22.82	0.00	83.00
45		27.28	16.94	22.11	0.00	83.71

Fonte: Centro Regional de Investigação do ICAR, Jharnapani, Nagaland

3.1.3. Estado do solo

O solo do sítio experimental era franco-arenoso e bem drenado. Para determinar o estado de fertilidade do solo, foram colhidas aleatoriamente amostras de solo a uma profundidade de 0-15 cm e, após mistura, secagem, trituração e peneiração adequadas, as amostras de solo foram analisadas e os resultados assim obtidos são apresentados nos quadros 2 e 3.

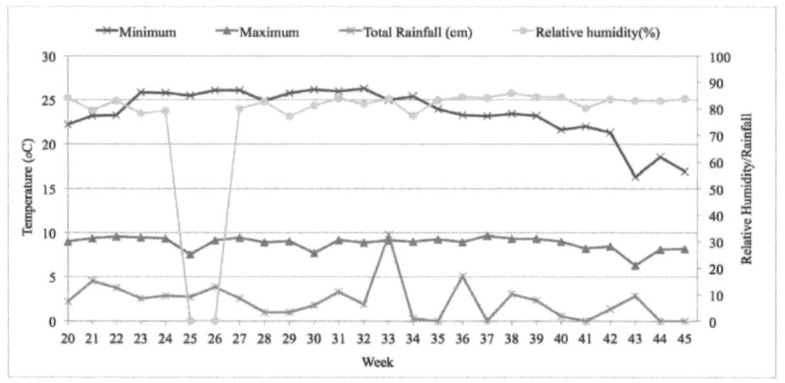

Fig. 1. Dados meteorológicos durante o período de investigação (maio a novembro de 2007

3.2. Pormenores experimentais

3.2.1. Conceção e esquema experimental

A experiência foi conduzida em "Split Plot Design" com três repetições. Todo o campo experimental foi dividido em três blocos de igual dimensão e cada bloco foi subdividido em três parcelas principais para acomodar os três factores principais e cada parcela principal foi ainda subdividida em quatro parcelas de igual dimensão, denominadas subparcelas, para acomodar os subfactores. A disposição do campo experimental é apresentada na figura 2.

Os pormenores da experiência são os seguintes:

1. Conceção : Projeto de parcelas divididas
2. Cultura : Paddy (*Oryza sativa*)
3. Cultivar : Leikhumo (Local)
4. Espaçamento entre filas : 20 cm
5. Espaçamento entre plantas : 10 cm
6. Número de combinações de tratamento: 12

42

7.	Número de réplicas				: 3

8.	Número total de unidades experimentais :	36

9.	Dimensão bruta da parcela			: 4,5 m x 3,5m

10.	Tamanho líquido da parcela			: 4 m x 3 m

11.	Fronteira do campo				: 1 m

12.	Borda do bloco					: 1 m

13.	Fronteira do terreno				: 50 cm

14.	Comprimento do campo experimental	: 34 m

15.	Largura do campo experimental		: 19.5 m

16.	Área total do campo experimental		: 663 m^2

Quadro 2. Estado inicial de fertilidade do campo experimental

Parameters	Value	Status	Method employed
pH	4.5	Strongly acidic	Glass electrode P^H meter (Jackson, 1976)
Organic Carbon (%)	1.75	High	Walkley and Black method (Jackson, 1976)
Available P$_2$O$_5$ (kg/ha)	20.45	Medium	Brays No. 1 method (Brays and Kurtz, 1945)
Available K$_2$O (kg/ha)	196.48	Medium	Neutral Normal ammonium acetate extract of soil (Ghosh *et al.*, 1983)
Available Nitrogen (kg/ha)	100.35	Low	Alkaline Potassium permanganate method (Subbiah and Asija, 1956)

Quadro 3. Estado de fertilidade do campo experimental após a experiência

Parameters	Value	Status	Method employed
pH	4.7	Strongly acidic	Glass electrode P^H meter (Jackson, 1976)
Organic Carbon (%)	1.84	High	Walkley and Black method (Jackson, 1976)
Available P_2O_5 (kg/ha)	18.52	Medium	Brays No. 1 method (Brays and Kurtz, 1945)
Available K_2O (kg/ha)	165	Medium	Neutral Normal ammonium acetate extract of soil (Ghosh *et al.*, 1983)
Available Nitrogen (kg/ha)	87.80	Low	Alkaline Potassium permanganate method (Subbiah and Asija, 1956)

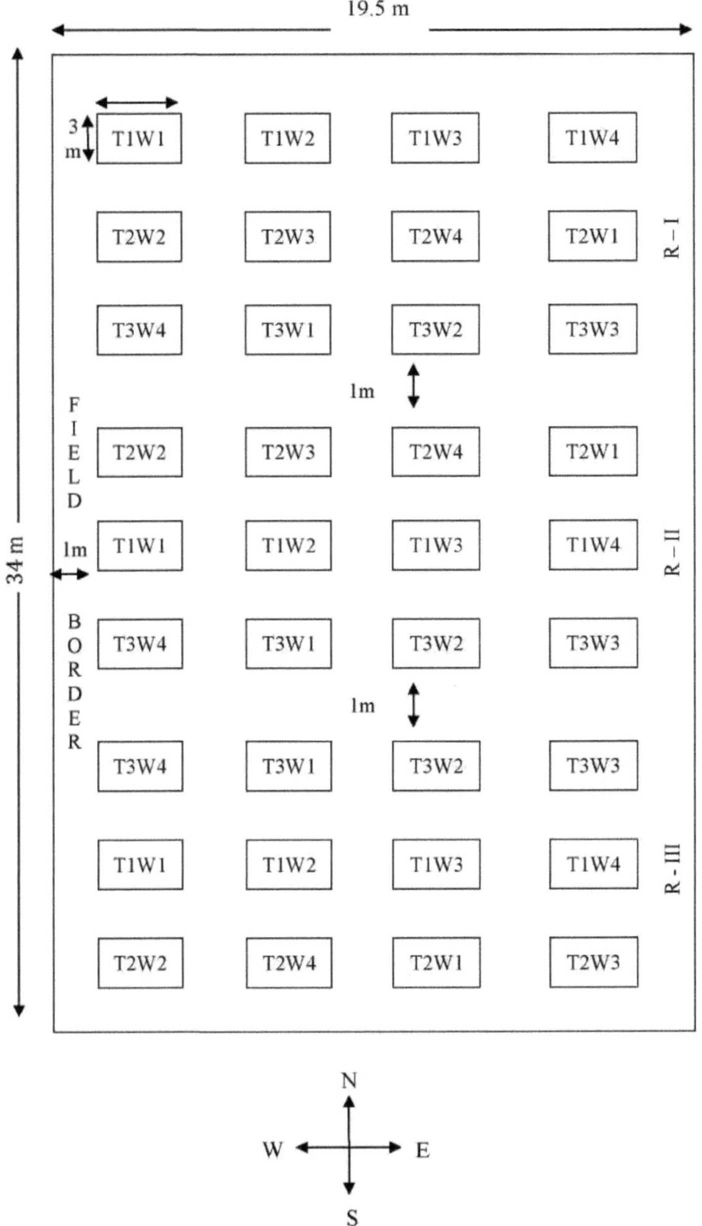

Fig. 2: Esquema do campo experimental

3.2.2. Detalhes do tratamento

A. Práticas de lavoura

3 (três) práticas de lavoura diferentes foram atribuídas às parcelas principais como factores principais. Os pormenores dos tratamentos são apresentados a seguir:

Sl. No.	Tillage Treatments	Symbol
1.	Summer ploughing twice followed by application of Glyphosate @ 1.0 kg a.i/ha 15 days after weed emergence	T1
2.	Summer ploughing twice	T2
3.	Conventional tillage	T3

B. Práticas de gestão das infestantes

Foram selecionadas 4 (quatro) práticas de gestão de ervas daninhas como subfactores atribuídos às subparcelas. Os pormenores dos tratamentos são apresentados a seguir:

Sl. No.	Weed Management Treatments	Symbol
1.	Control (Weedy)	W1
2.	Hand weeding twice at 20 & 40 days	W2
3.	Wheel hoeing twice at 20 & 40 days	W3
4.	Butachlor @ 2 kg a.i/ha 4 DAS	W4

C. Combinações de tratamento

Houve um total de 12 combinações de tratamento obtidas a partir da multiplicação de três factores principais e quatro subfactores de tratamento. A lista das combinações de tratamentos é ilustrada a seguir:

T1W1	T1W2	T1W3	T1W4
T2W1	T2W2	T2W3	T2W4
T3W1	T3W2	T3W3	T3W4

3.3. Pormenores da cultura

3.3.1. Preparação do terreno

O campo experimental foi preparado durante a primeira e a segunda semana de abril de 2007. Os pormenores das operações de lavoura efectuadas são apresentados a seguir:

A. Lavoura de verão

As parcelas principais, marcadas T1 e T2, foram objeto de duas lavouras de verão durante a primeira semana de abril de 2007, com uma charrua de aiveca puxada por trator. As parcelas foram depois gradadas com grade de discos, seguidas de nivelamento e remoção de restolhos e ervas daninhas. As parcelas principais foram depois subdivididas em subparcelas, de acordo com o plano de ordenamento.

B. Lavoura convencional

As parcelas principais marcadas como T3 foram lavradas manualmente com pás durante a segunda semana de abril de 2007. As parcelas foram depois pulverizadas manualmente com pás, seguindo-se a remoção dos restolhos e das ervas daninhas. Em seguida, estas parcelas principais foram subdivididas em subparcelas, de acordo com o plano de implantação.

3.3.2. Aplicação de estrumes e fertilizantes

FYM bem apodrecido @ 10 toneladas/ha foi uniformemente difundido sobre o campo e incorporado completamente durante a preparação final da terra. As doses de fertilizantes recomendadas pelo de 60: 40: 40 NPK kg/ha na forma de Ureia, Super Fosfato Simples e Murita de Potássio foram aplicadas em todas as parcelas experimentais. Metade da dose recomendada de nitrogénio (30 kg) e as doses completas de P e K foram aplicadas como basal. Os restantes 30 kg de azoto foram aplicados em duas doses iguais (15 kg cada) na fase de perfilhamento e início da panícula.

3.3.3. Sementes e sementeiras

'Leikhumo', uma cultivar local, foi colhida em agências locais e semeada a 4 [th] de maio de 2007. Os sulcos foram abertos com um sulcador e as sementes foram semeadas a 2-3 sementes/hectare a 20 cm de distância entre linhas e 10 cm entre plantas.

3.3.4. Desbaste e preenchimento de lacunas

A operação de desbaste foi realizada com o objetivo de manter uma população óptima de plantas através do desbaste do excesso de plântulas germinadas e, ao mesmo tempo, também foi feito o preenchimento de lacunas. Esta operação foi efectuada antes de as plântulas de arroz atingirem a fase de perfilhamento.

3.3.5. Controlo de pragas e doenças

Foram adoptadas medidas de proteção das plantas com base nas necessidades para proteger as culturas de pragas e doenças. No caso da broca do caule, os perfilhos das plantas infestadas foram removidos e foi aplicado monocrotofos em spray @ 625 ml em 500 ml de água/ha. Verificou-se que o inseto Gundhi era predominante durante a fase de floração e ordenha da cultura. Foi controlado por pulverização de malathion 50 EC @ 0,2% e também pela adoção da técnica cultural de armadilha de caranguejo. A cultura também foi infetada pela explosão (*Pyricularia oryza*) que foi controlada por pulverizando carbendizium 50 EC @ 0,1% (1 g/litro de água) duas vezes em intervalos de 10 dias.

3.3.6. Monda manual

A monda manual, de acordo com a distribuição dos tratamentos, foi efectuada com a ajuda de um khurpi ou de uma enxada local. As sub-parcelas marcadas com W2 foram mondadas manualmente aos 20 e 40 dias após a sementeira.

3.3.7. Enxada de roda

As subparcelas marcadas com W3 foram sachadas aos 20 e 40 dias após a sementeira com a ajuda de uma enxada de roda.

3.3.8. Aplicação de herbicidas

O glifosato @ 1,0 kg a.i/ha, dissolvido em 600 litros de água, foi aplicado nas parcelas principais marcadas com T1 15 dias após a emergência das ervas daninhas. Para as subparcelas marcadas com W4, butachlor @ 2,0 kg a.i/ha, na forma de Machete 50% EC, em 500 litros de água foi aplicado 4 dias após a semeadura.

3.3.9. Colheita, debulha e joeiramento

A cultura foi colhida em 18 de setembro de 2007, por parcelas, e depois enfardada separadamente. A cultura colhida foi depois seca ao sol, debulhada e peneirada manualmente. Os grãos limpos de cada parcela foram então secos, embalados e marcados separadamente para registar os rendimentos de grãos de cada tratamento.

3.4. Observações experimentais
3.4.1. Observações sobre as ervas daninhas
3.4.1.1. Flora infestante

A flora infestante que cresce no local experimental foi recolhida, identificada e registada.

3.4.1.2. Densidade das infestantes (N.º/m^2)

A população de ervas daninhas de cada parcela foi registada utilizando um quadrado de 1 m^2 e a densidade média de ervas daninhas por metro quadrado foi registada lançando o quadrado ao acaso em cada parcela individual. A população de ervas daninhas observada foi registada aos 30, 60 e 90 DAS e na colheita. Os dados relativos à densidade das ervas daninhas foram submetidos ao método de transformação da raiz quadrada, ou seja

$$\sqrt{n + 0.5}$$

Onde, n = contagem real de ervas daninhas

3.3.8.1. Peso seco das infestantes (g/m²)

Os dados sobre o peso seco das ervas daninhas foram registados aos 30, 60 e 90 DAS e na colheita. As amostras de ervas daninhas recolhidas em cada quadrado (0,50 m²) foram lavadas, secas ao sol e finalmente secas em estufa a 105° C durante 48 horas. Quando as amostras atingiram um peso constante, os pesos secos das ervas daninhas foram registados para cada parcela. Os dados assim obtidos foram convertidos em g/m².

3.3.8.2. Eficiência do controlo das infestantes (% CME)

A eficiência do controlo das ervas daninhas (WCE) foi calculada através da fórmula:

$$\text{WEC (\%)} = \frac{\text{DWU-DWT}}{\text{DWU}} \times 100$$

Onde,

DWU = Peso seco das infestantes nas parcelas não tratadas e

DWT = Peso seco das infestantes nas parcelas tratadas

3.4.2. Observações sobre as culturas
3.4.2.1. Atributos de crescimento

Foram selecionados aleatoriamente três montes de cada parcela e marcados para registar os atributos de crescimento da cultura. As observações dos atributos de crescimento da cultura foram efectuadas aos 30, 60 e 90 DAS e na colheita.

3.4.2.1.1. Altura da planta (cm)

A altura das plantas foi medida desde o nível do solo até à ponta da folha mais comprida dos montes marcados aos 30, 60 e 90 DAS e na colheita e a altura média foi registada em centímetros.

3.4.2.1.2. Lavradores por colina (N.º)

O número de perfilhos foi contado em três colinas marcadas em cada parcela e o número médio de perfilhos foi registado para obter o número de perfilhos por colina aos 30, 60 e 90 DAS e na colheita.

3.4.2.1.3. Peso seco da planta (g/m²)

O peso seco das plantas foi recolhido aos 30, 60 e 90 DAS e na colheita, após o desenraizamento das amostras de cada tratamento a partir de um medidor de corrida, deixando as linhas fronteiriças. Após a secagem ao sol, as amostras foram secas em estufa a 105° C durante 48 horas. Quando as amostras de plantas atingiram um peso constante, o peso da matéria seca foi registado. Os dados assim obtidos em g/metro corrido foram convertidos em g/m².

3.4.2.2. Atributos de rendimento
3.4.2.2.1. Número de panículas (No./m²)

O número total de panículas por metro linear foi contado em cada parcela, deixando as linhas fronteiriças, e a média foi registada e expressa em números por metro linear. Os dados assim obtidos foram convertidos em números por m².

3.4.2.2.2. Comprimento da panícula (cm)

Foram selecionadas ao acaso 5 (cinco) panículas de cada parcela e o comprimento de cada panícula foi medido desde a base até à ponta do último grão e o comprimento médio foi registado em centímetros.

3.4.2.2.3. Peso da panícula (g)

O peso de 5 (cinco) panículas selecionadas aleatoriamente de cada parcela foi tomado e a média foi registada em seguida.

3.4.2.2.4. Número de grãos cheios por panícula (N.º)

O número de grãos cheios de 5 (cinco) panículas selecionadas aleatoriamente de cada parcela foi contado e a média foi registada em seguida.

3.4.2.2.5. Número de grãos não cheios por panícula (n.º)

O número de grãos não cheios de 5 (cinco) panículas selecionadas aleatoriamente de cada parcela foi contado e a média foi registada em seguida.

3.4.2.2.6. Peso de 1000 grãos (g)

Dos grãos compostos recolhidos em cada parcela do campo experimental, foram contados 1000 grãos e o peso foi registado em gramas.

3.4.2.2.7. Rendimento em grão e em palha (q/ha)

A colheita de cada parcela foi seca ao sol, debulhada e peneirada. O rendimento em grão e em palha de cada parcela foi registado separadamente e convertido em q/ha.

3.4.2.2.8. Índice de colheita (HI)

O índice de colheita foi calculado pela fórmula:

$$HI\ (\%) = \frac{\text{Grain yield}}{\text{Biological yield}} \times 100$$

3.4.2.3. Observações fenológicas

3.4.2.3.1. Dias até 50% de floração

Os dias até 50% de floração da cultura foram observados visualmente e registados para cada parcela.

3.4.2.3.2. Dias até ao vencimento

A data de colheita foi registada para cada parcela e os dias até à maturidade foram calculados e registados desde a data de sementeira até à data de colheita.

3.5. Economia

A economia dos diferentes tratamentos foi calculada de acordo com os preços de mercado prevalecentes dos factores de produção e dos produtos.

3.5.1. Custo de cultivo (Rs./ha)

O custo do cultivo foi calculado de acordo com os custos incorridos para cada tratamento.

3.5.2. Rendimento bruto (Rs./ha):

O rendimento bruto foi calculado para cada tratamento, multiplicando os valores dos produtos económicos pelos preços de apoio em vigor.

3.5.3. Rendimentos líquidos (Rs./ha)

O rendimento líquido de cada tratamento foi estimado deduzindo o custo total de cultivo incorrido do rendimento bruto.

3.5.4. Rácio benefício-custo (BCR)

O rácio custo-benefício foi calculado para cada tratamento através da fórmula:

$$\text{Benefit cost ratio} = \frac{\text{Gross return}}{\text{Cost of cultivation}}$$

3.6. Análise estatística

Os dados registados durante a investigação para cada parâmetro foram analisados estatisticamente através da aplicação da técnica de análise de variância, tal como descrita por Cochran e Cox (1962). As diferenças significativas foram testadas pelo teste "F". A diferença crítica dos diferentes grupos de tratamentos e as suas interações a um nível de probabilidade de 5 por cento foram calculadas sempre que o teste 'F' era significativo.

CAPÍTULO 4
RESULTADOS EXPERIMENTAIS

Os resultados experimentais da presente investigação são apresentados neste capítulo. Os dados registados no decurso da experiência foram analisados e as variações significativas foram discutidas.

4.1. Observações sobre as ervas daninhas
4.1.1 Flora infestante

A flora infestante do campo experimental foi estudada e identificada e é apresentada no Quadro 4 (a) e no Quadro 4 (b).

4.1.2 . Densidade das infestantes (N.º /m^2)

Os dados sobre a densidade das ervas daninhas registados aos 30, 60 e 90 DAS e na colheita são apresentados no Quadro 5 (a) e no Quadro 5 (b) e representados na Fig. 3.

4.1.2.1 Densidade das infestantes aos 30 DAS

Aos 30 dias após a semeadura (DAS), as diferenças nas populações de ervas daninhas devido à lavoura foram consideradas significativas. A maior densidade de ervas daninhas (173,75/m^2) foi registada na lavoura convencional (T3) enquanto a menor densidade de ervas daninhas de 129/m^2 foi registada na lavoura de verão duas vezes seguida da aplicação de glifosato @ 1,0 kg a.i/ha 15 dias após a emergência das ervas daninhas (T1). As variações na densidade de ervas daninhas devido aos tratamentos de gestão de ervas daninhas também foram significativas onde, a menor densidade de ervas daninhas (118,56/m^2) foi registada pela aplicação de butacloro @ 2,0 kg a.i/ha 4 DAS (W4) enquanto que, a maior densidade de ervas daninhas de 212,78/m^2 foi registada sob tratamento de controlo (ervas daninhas) (W1) que foi seguido por enxada de roda a 20 e 40 DAS (W3) e capina manual a 20 e 40 DAS (W2) os dois últimos tratamentos sendo iguais entre si. O efeito de interação

Tabela 4(a). Flora infestante observada no campo experimental

Scientific name	Family	Life cycle	Common name
A. Grasses			
1. *Cynodon dactylon* (L) Pers.	Poaceae	Perennial	Bermuda grass
2. *Digitaria setigera* Roth.	Poaceae	Annual	Itchy crab grass
3. *Paspalum distichum* (L)	Poaceae	Perennial	Knot grass
4. *Setaria pumila* (Poir.) Roem & Schutt.	Poaceae	Annual	Yellow foxtail
5. *Eragrostis unioloides* Retz.) Nees ex Steud.	Poaceae	Annual	Chinese love grass
6. *Eleusine indica* (Gareth.)	Poaceae	Perennial	Goose grass
7. *Setaria palmifolia* (J. Koenig) Stapf	Poaceae	Perennial	Palm grass
8. *Cyrtococcum pallens*	Poaceae	Annual	Gudi Bon*
B. Sedges			
1. *Cyperus iria* (L.)			
C. Broad leaved weed	Cyperaceae	Perennial	Yellow nut sedge
1. *Ageratum conyzoides* Linn.	Compositae	Annual	Goat weed
2. *Ageratum haustonianum* Linn.	Compositae	Annual	Goat weed
3. *Borreria hispidia* (L.) K Schum	Rubiaceae	Annual	Button weed

* Nome Assamês

A relação entre a lavoura e a gestão das ervas daninhas no que diz respeito à densidade das ervas daninhas aos 30 DAS também foi significativa. As parcelas de controle (ervas daninhas) sob lavoura convencional e lavoura de verão duas vezes, foram iguais umas às outras e registraram as maiores densidades de ervas daninhas ($242,33/m^2$ e $229,67/m^2$ respetivamente). As interações de tratamento aplicação de butacloro @ 2,0 kg a.i/ha 4 DAS sob todos os tratamentos de lavoura e ambos os tratamentos monda manual aos 20 e 40 DAS e sacha de roda aos 20 e 40 DAS sob os tratamentos de lavoura lavoura de verão duas vezes e lavoura de verão duas vezes

Tabela 4(b). Flora infestante observada no campo experimental

Scientific name	Family	Life cycle	Common name
4. *Commelina longifolia*	Commelianace	Annual	Spider worth
5. *Chromolaena odorata* (L.) King & Robinson	Asteraceae	Perennial	Siam weed
6. *Mimosa pudica* (L.)	Mimosaceae	Biennial	Sensitive plant
7. *Scoparia dulcis* (L.)	Scophulariaceae	Annual	Licorice weed
8. *Cassia tora*	Caesalpiniaceae	Annual	Patridge pea
9. *Ludwigia linifolia*	Onagraceae	Annual	Primrose willow
10. *Melochia corchorifolia* (L.)	Sterculiaceae	Annual	Chocolate weed
11. *Triumfetta rhomboides* (Jacq.)	Tiliaceae	Perennial	Chinese burr
12. *Emilia sonchifolia* (L.) DC	Asteraceae	Annual	Lilac tassel flower
13. *Ipomoea sp.*	Convolvulaceae	Annual	Morning glory
14. *Clitoria sp.*	Fabaceae	Annual	Aparajita*
15. *Cuphea balsamina*	Lythraceae	Annual	Pani kepuka*
16. *Desmadium pseudotriquetrum*	Fabaceae	Annual	Bionihaputa*

* Nome Assamês

seguido da aplicação de glifosato a 1,0 kg a.i/ha 15 dias após o aparecimento das ervas daninhas, respetivamente, foram considerados iguais entre si e registaram uma densidade de ervas daninhas significativamente mais baixa em comparação com o resto das interações de tratamento.

Tabela 5(a). Efeito da lavoura e do manejo de ervas daninhas na densidade média de ervas daninhas (n°/m^2) em diferentes estágios de crescimento do arroz

Treatments	Mean weed density (no./m^2)			
	30DAS	60DAS	90DAS	Harvest
A. Tillage				
Summer ploughing twice followed by application of Glyphosate @ 1.0 kg a.i/ha 15 days after weed emergence	129.00	194.83	326.08	538.17
Summer ploughing twice	151.92	270.67	399.42	642.17
Conventional tillage	173.75	345.50	473.42	754.67
S. Em ±	7.84	26.40	26.09	30.86
CD (0.05)	21.80	73.40	72.53	85.80
B. Weed management				
Control (weedy)	212.78	433.56	543.56	943.33
Hand weeding twice at 20 & 40 DAS	136.78	237.33	328.11	529.22
Wheel hoeing twice at 20 & 40 DAS	138.11	245.44	403.00	584.11
Butachlor @ 2.0 kg a.i/ha 4 DAS	118.56	165.00	323.89	523.33
S. Em ±	7.60	34.34	34.26	23.01
CD (0.05)	15.96	72.12	71.95	48.32

Ageratum haustonianum Linn.

Eleusine indica Gareth.

Digitaria setigera Roth.

Borreria hispidia (L.) K Schum.

Placa 1(a). Flora infestante dominante do campo experimental

Placa 1(b). Flora infestante dominante do campo experimental

Tabela 5(b). Efeitos de interação da lavoura e da gestão de ervas daninhas na densidade média de ervas daninhas (n.º/m^2) em diferentes fases de crescimento do arroz

Treatment combination	Mean weed density (no./m^2)			
	30DAS	60DAS	90DAS	Harvest
T1W1	166.33	284.00	394.00	866.67
T1W2	122.00	184.33	276.67	431.00
T1W3	117.67	161.67	334.33	465.67
T1W4	110.00	149.33	299.33	389.33
T2W1	229.67	467.33	577.33	905.33
T2W2	133.67	211.33	316.33	515.00
T2W3	126.33	242.33	392.33	589.67
T2W4	118.00	161.67	311.67	558.67
T3W1	242.33	549.33	659.33	1058.00
T3W2	154.67	316.33	391.33	641.67
T3W3	170.33	332.33	482.33	697.00
T3W4	127.67	184.00	360.67	622.00
S.Em $\pm$	13.16	59.49	59.34	39.86
CD (0.05)	27.64	NS	NS	NS

NS: Não significativo

4.1.2.2 Densidade das infestantes aos 60 DAS

Os dados apresentados na Tabela-5(a) mostram que os tratamentos de lavoura influenciaram significativamente a população de ervas daninhas. A maior densidade de ervas daninhas (345,50/m^2) foi registada em T3 e a menor (194,83/m^2) em T1. O tratamento de lavoura T2 também registou uma densidade de ervas daninhas significativamente maior do que T1. As diferenças nas densidades de ervas daninhas aos 60 DAS devido às práticas de gestão de ervas daninhas também foram consideradas significativas. A densidade de ervas daninhas mais baixa (165/m^2) foi registada em W4. O tratamento W1 registou a

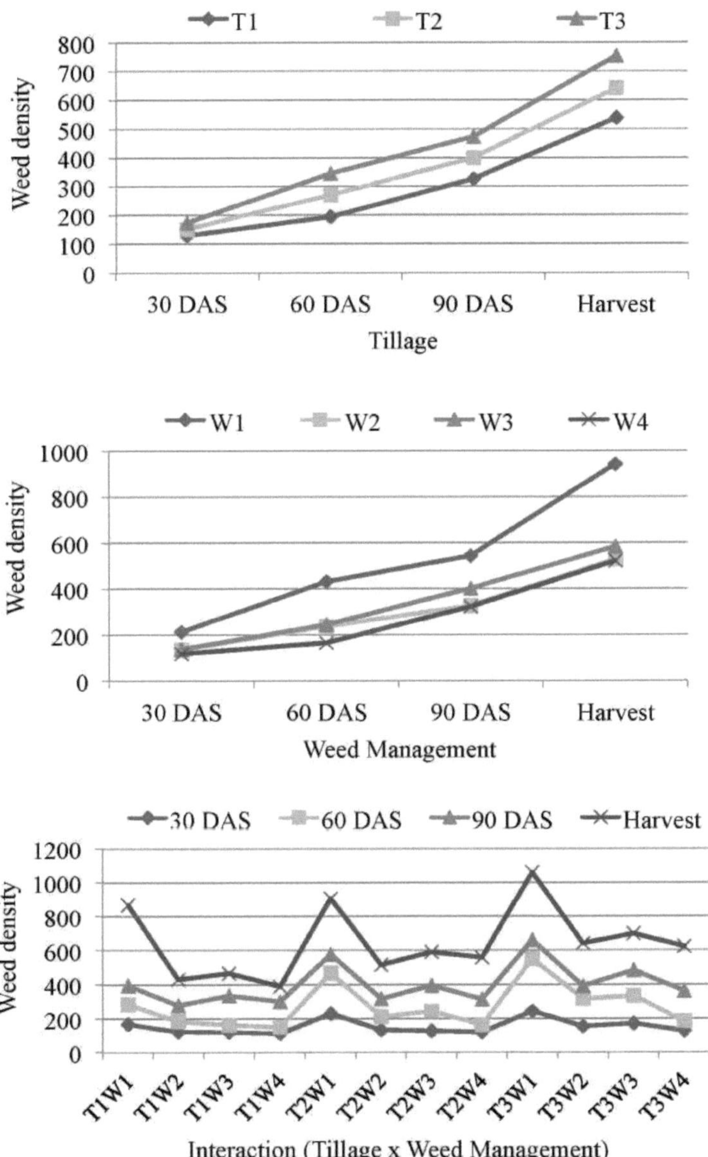

Fig. 3. Efeito da lavoura e da gestão das ervas daninhas e suas interações na densidade das ervas daninhas (N.º /m²

A densidade de ervas daninhas mais alta (433,56/m^2), que foi significativamente mais alta em comparação com todos os outros tratamentos de gestão de ervas daninhas, enquanto que os tratamentos W2 e W3 foram considerados iguais entre si. Os efeitos de interação da lavoura e da gestão de ervas daninhas na densidade de ervas daninhas aos 60 DAS foram considerados não significativos.

4.1.2.3 Densidade das infestantes aos 90 DAS

As diferenças na densidade das ervas daninhas aos 90 DAS devido aos tratamentos de lavoura foram consideradas significativas. O tratamento de lavoura T3 registou a maior densidade de ervas daninhas (473,42/m^2), que foi significativamente superior ao resto dos tratamentos, enquanto que a menor densidade de ervas daninhas (326,08/m^2) foi registada no T1. As variações na densidade de ervas daninhas devido às práticas de gestão de ervas daninhas também foram significativas. A maior densidade de ervas daninhas (543,56/m^2) foi associada ao tratamento W1, que foi significativamente superior aos restantes tratamentos. O tratamento W4 registou a densidade de ervas daninhas mais baixa (323,89/m^2), que foi igual à do tratamento W2. O tratamento W3 também registou uma densidade de ervas daninhas significativamente maior em comparação com os tratamentos W2 e W4. Os efeitos de interação entre a lavoura e a gestão das ervas daninhas aos 90 DAS em relação à densidade das ervas daninhas não foram significativos.

4.1.2.4 Densidade de ervas daninhas na colheita:

Foram registadas diferenças significativas na densidade de ervas daninhas na colheita entre os diferentes tratamentos de lavoura. O tratamento T1 registou a densidade de ervas daninhas mais baixa (538,17/m^2), enquanto que a densidade de ervas daninhas mais alta (754,67/m^2) foi registada em T3, que foi significativamente superior aos restantes tratamentos. O T2 também registou uma densidade de ervas daninhas significativamente mais elevada do que o tratamento T1.

Também se observou que as diferentes práticas de gestão de infestantes produziram variações significativas na densidade de infestantes. A densidade de ervas daninhas mais elevada (943,33/m^2) foi associada ao tratamento W1, que foi significativamente superior aos restantes tratamentos, enquanto o tratamento W4 registou a densidade de ervas daninhas mais baixa (523,33/m^2), que foi igual à do tratamento W2. O tratamento W3 também registou uma densidade de ervas daninhas significativamente mais elevada do que os tratamentos W2 e W4. Os efeitos da interação entre a lavoura e a gestão das ervas daninhas na colheita não foram significativos.

4.1.3 Peso seco das infestantes (g/m^2)

Os dados sobre o peso seco das ervas daninhas registados aos 30, 60, 90 dias após a sementeira e na colheita são apresentados no Quadro 6(a) e no Quadro 6(b) e representados na Fig. 4.

4.1.3.1 Peso seco das infestantes aos 30 DAS

As diferenças no peso seco das ervas daninhas aos 30 DAS devido aos tratamentos de lavoura foram consideradas significativas. O maior peso seco de ervas daninhas (277,25 g/m^2) foi registrado sob lavoura convencional (T3), enquanto a lavoura de verão duas vezes seguida pela aplicação de glifosato @ 1,0 kg a.i/ha 15 dias após a emergência das ervas daninhas (T1) registrou o menor peso seco de ervas daninhas (175,90 g/m^2). As variações no peso seco das ervas daninhas devido ao manejo das ervas daninhas também foram consideradas significativas. O peso seco de ervas daninhas significativamente mais elevado (412,44 g/m^2) foi associado ao tratamento de controlo (Weedy) (W1), enquanto que a aplicação de butacloro @ 2,0 kg a.i/ha 4 DAS (W4) registou o peso seco de ervas daninhas mais baixo de 148,38 g/m^2, que foi significativamente mais baixo em comparação com o resto dos tratamentos. A enxada de roda aos 20 e 40 DAS (W3) e a monda manual aos 20 e 40 DAS (W2) foram consideradas iguais entre si no que diz respeito ao peso seco das ervas daninhas aos 30 DAS. Os efeitos da interação lavoura e manejo de ervas daninhas também foram significativos. O maior (495 g/m^2) e o menor (104,50 g/m^2) peso seco de ervas daninhas foram registrados com o tratamento de controle (Weedy) (W1) e aplicação de butachlor @ 2,0 kg a.i/ha 4 DAS (W4) sob lavoura convencional (T3) e lavoura de verão duas vezes seguida pela aplicação de glifosato @ 1,0 kg a.i/ha 15 dias após a emergência de ervas daninhas (T1) respetivamente.

4.1.3.2 Peso seco das infestantes aos 60 DAS

Os dados apresentados na Tabela 6 (a) mostram que houve diferenças significativas no peso seco das ervas daninhas aos 60 DAS entre os diferentes tratamentos de lavoura. O maior peso seco de ervas daninhas (466,08 g/m^2) foi registado em T3 e o menor (260,31 g/m^2) em T1. Enquanto que o tratamento T2 também registou um peso seco de ervas daninhas significativamente mais elevado do que o T1. Nos tratamentos de gestão de ervas daninhas, o W1 produziu um peso seco de ervas daninhas significativamente mais elevado (686,80 g/m^2) do que os restantes tratamentos, enquanto que o peso seco de ervas daninhas mais baixo (176,60 g/m^2) foi associado ao W4. O W2 e o W3 foram considerados iguais entre si no que diz respeito ao peso seco das ervas daninhas aos 60 DAS. Os efeitos de interação entre a lavoura e a gestão das ervas daninhas também foram significativos. O peso seco de ervas daninhas mais alto (790,67 g/m^2) foi registrado pela combinação de tratamento com T3W1 enquanto que T1W4 registrou peso seco de ervas daninhas significativamente mais baixo (117,63 g/m^2) comparado com as combinações de tratamento T3W1, T2W1, T1W1, T3W2 e T3W3.

Tabela 6(a). Efeito da lavoura e da gestão das ervas daninhas no peso seco médio das ervas daninhas (g/m^2) em diferentes fases de crescimento do arroz

Treatments	Mean weed dry weight (g/m^2)			
	30DAS	60DAS	90DAS	Harvest
A. Tillage				
Summer ploughing twice followed by application of Glyphosate @ 1.0 kg a.i/ha 15 days after weed emergence	174.90	260.31	507.74	842.71
Summer ploughing twice	217.06	326.06	597.74	1007.61
Conventional tillage	277.25	466.08	773.87	1179.45
S. Em $\pm$	4.99	9.65	17.97	16.61
CD (0.05)	13.86	26.82	49.94	46.19
B. Weed management				
Control (weedy)	412.44	686.80	1039.53	1883.46
Hand weeding twice at 20 & 40 DAS	165.30	249.04	452.39	695.01
Wheel hoeing twice at 20 & 40 DAS	166.15	290.84	568.99	825.47
Butachlor @ 2.0 kg a.i/ha 4 DAS	148.38	176.60	444.89	635.76
S. Em $\pm$	4.85	20.15	19.90	29.01
CD (0.05)	10.19	42.33	41.80	60.92

Tabela 6(b). Efeitos de interação da lavoura e da gestão das ervas daninhas no peso seco médio das ervas daninhas (g/m²) em diferentes fases de crescimento do arroz

Treatment combination	Mean weed dry weight (g/m²)			
	30DAS	60DAS	90DAS	Harvest
T1W1	342.67	602.07	898.67	1820.00
T1W2	125.31	153.11	352.00	517.20
T1W3	127.12	168.43	434.63	605.37
T1W4	104.50	117.63	345.67	428.27
T2W1	399.67	667.67	970.13	1865.00
T2W2	161.67	214.40	441.17	669.50
T2W3	162.67	239.91	549.00	825.53
T2W4	144.25	182.27	430.67	670.40
T3W1	495.00	790.67	1249.80	1965.37
T3W2	208.93	379.60	564.00	898.33
T3W3	208.67	464.17	723.33	1045.50
T3W4	196.39	229.90	558.33	808.60
S.Em ±	8.41	34.91	34.47	50.24
CD (0.05)	17.65	73.31	72.40	105.51

4.1.3.3 Peso seco das infestantes aos 90 DAS

As diferenças no peso seco das ervas daninhas aos 90 DAS devido aos tratamentos de lavoura foram consideradas significativas. O maior peso seco de ervas daninhas (773,87 g/m²) foi registado em T3, que foi significativamente superior aos restantes tratamentos. O T2 também registou um peso seco de ervas daninhas significativamente mais elevado do que o T1, que registou o peso seco de ervas daninhas mais baixo (507,74 g/m²) aos 90 DAS. Entre os tratamentos de gestão de ervas daninhas, o W1 registou constantemente o peso seco de ervas daninhas mais elevado (1039,53 g/m²). O peso seco de ervas daninhas mais baixo (444,89 g/m²) foi associado ao W4; no entanto, ele

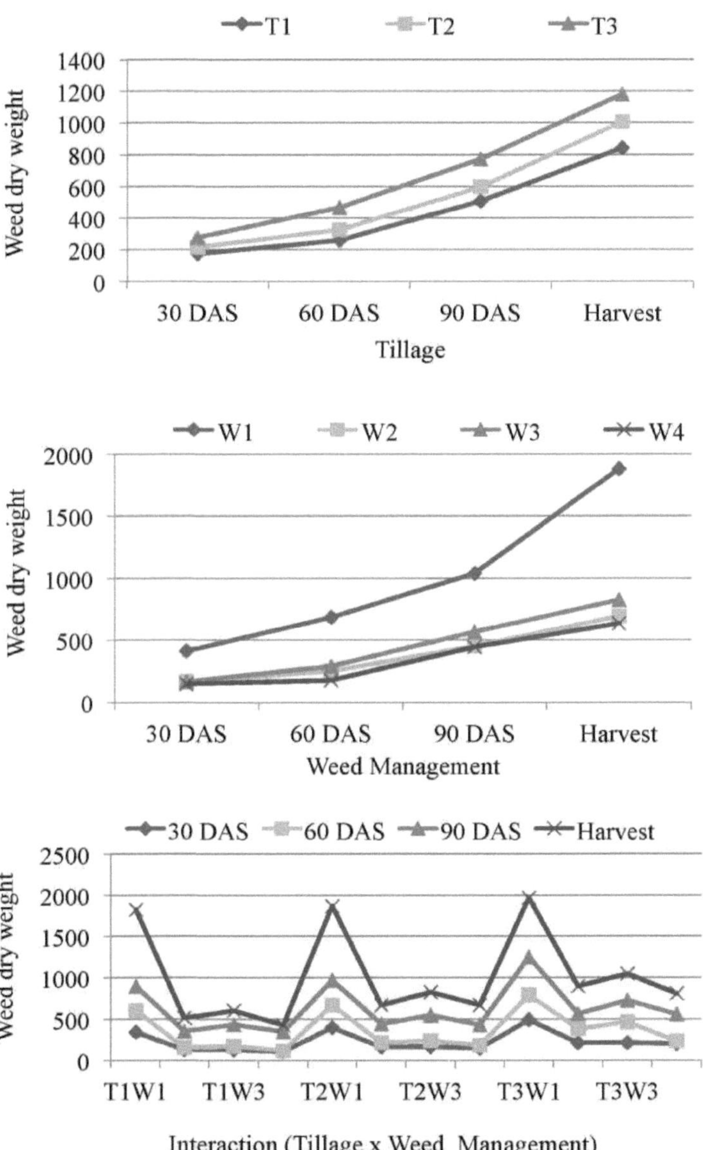

Fig. 4. Efeito da lavoura e da gestão das ervas daninhas e suas interações no peso
seco das ervas daninhas (g/m²

foi igual ao de W2. O W3 também registou um peso seco de ervas daninhas
significativamente maior em comparação com o W4 e o W2. Os efeitos de

interação da lavoura e da gestão das ervas daninhas também foram significativos. A observação do maior peso seco de ervas daninhas (1249,80 g/m^2) seguiu a mesma tendência do caso aos 60 DAS e foi registado por T3W1. A combinação de tratamento T1W4 registou o peso seco de ervas daninhas mais baixo (345,67 g /m^2), que foi igual ao da combinação de tratamento T1W2.

4.1.3.4 Peso seco das infestantes aquando da colheita

Na colheita, o peso seco de ervas daninhas mais baixo (842,71 g/m^2) foi registado pelo tratamento de lavoura T1, enquanto que o peso seco de ervas daninhas mais alto (1179,45 g/m^2) foi registado pelo tratamento T3, que foi significativamente mais alto do que os restantes tratamentos. O tratamento T2 também registou um peso seco de ervas daninhas significativamente mais elevado do que o T1. As diferentes práticas de gestão de ervas daninhas também registaram variações significativas no peso seco das ervas daninhas, que seguiram tendências semelhantes às do caso aos 90 DAS. O peso seco de ervas daninhas mais baixo (635,76 g/m^2) foi associado a W4, no entanto, foi igual a W2. O W1 registou o maior peso seco de ervas daninhas (1883,46 g/m^2), que foi significativamente superior aos restantes tratamentos. W3 registou um peso seco de ervas daninhas significativamente mais elevado do que W2 e W4. Os efeitos da interação entre a mobilização e a gestão das ervas daninhas na colheita também foram significativos. As combinações de tratamento T3W1 e T2W1 foram iguais entre si e registaram um peso seco de ervas daninhas significativamente mais elevado (1965,37 g/m^2 e 1865 g/m^2, respetivamente) do que as restantes combinações de tratamento. A combinação de tratamento T1W4 registou o peso seco de ervas daninhas mais baixo (428,27 g/m^2); no entanto, foi igual à combinação de tratamento T1W2.

4.1.4 Eficiência do controlo das infestantes (%)

Os dados registados sobre a eficiência do controlo das ervas daninhas são apresentados no Quadro 7 e representados na Fig. 5.

4.1.4.1 Efeitos principais

Lavoura

As diferenças na eficiência do controle de ervas daninhas devido aos diferentes métodos de lavoura foram significativas, com a maior (51,26%) eficiência de controle de ervas daninhas sendo registrada no tratamento lavoura de verão duas vezes seguida pela aplicação de glifosato @ 1,0 kg a.i/ha 15 dias após a emergência das ervas daninhas (T1). A lavoura convencional (T3) registou a eficiência de controlo de ervas daninhas mais baixa (40,08%), enquanto que uma eficiência de controlo de ervas daninhas de 44,95% foi registada no tratamento lavoura de verão duas vezes (T2).

Gestão de ervas daninhas

Foram registadas diferenças significativas na eficiência do controlo de ervas daninhas entre os diferentes tratamentos de gestão de ervas daninhas. A maior (65,46%) eficiência de controlo de ervas daninhas foi registada pelo tratamento de aplicação de butacloro @ 2,0 kg a.i/ha 4 DAS (W4) e a menor (0,00%) eficiência de controlo de ervas daninhas foi registada no tratamento de controlo (ervas daninhas) (W1).

4.1.4.2 Efeitos de interação

Lavoura x Gestão das infestantes

Os efeitos de interação da lavoura e da gestão de ervas daninhas na eficiência do controlo de ervas daninhas foram considerados significativos.

O maior (72,81%) controlo de ervas daninhas

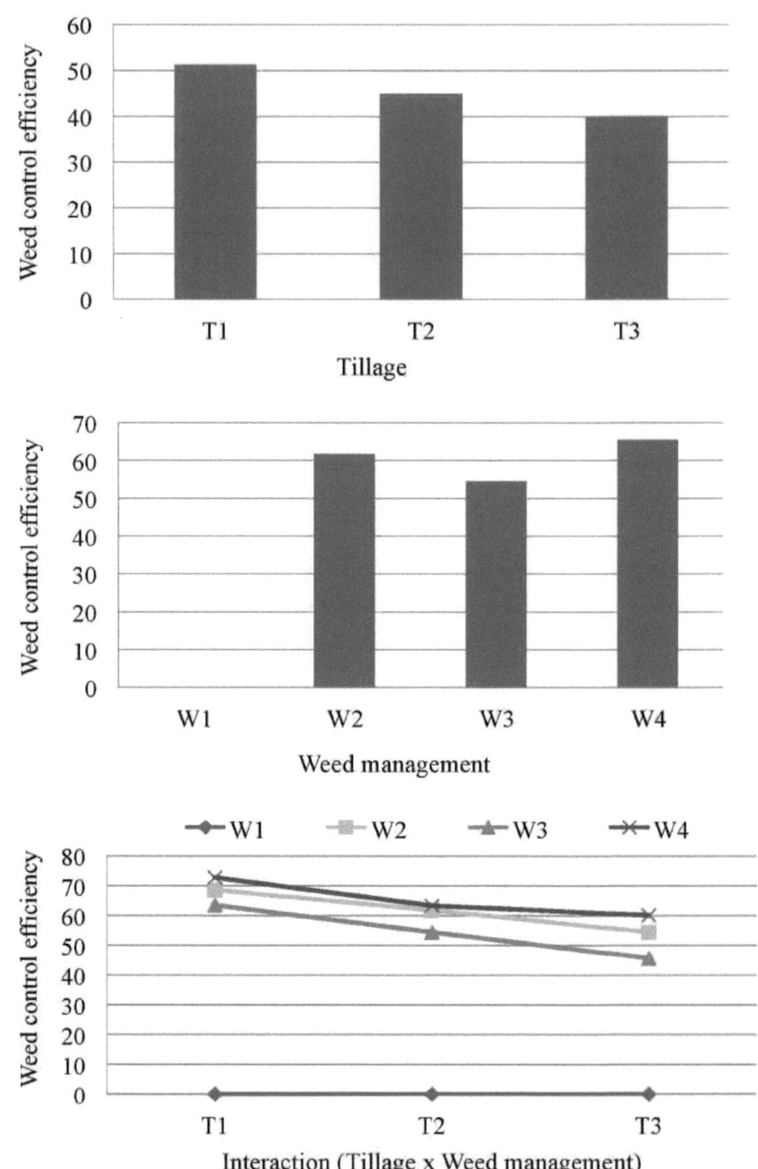

Fig. 5. Efeito da lavoura e da gestão das ervas daninhas e suas interações na eficiência do controlo das ervas daninhas (%)

A maior eficiência de controlo de ervas daninhas foi associada ao tratamento de lavoura T1 juntamente com o método de gestão de ervas daninhas W4. A eficiência mais baixa de controlo de ervas daninhas (0,00%) foi registada nas combinações de tratamento T3W1, T2W1 e T1W1, que foram iguais entre si.

Tabela 7. Efeito da lavoura, da gestão das ervas daninhas e das suas interações na eficiência média de controlo das ervas daninhas (WCE %)

Weed management	Tillage			Mean
	T1	T2	T3	
Control (weedy)	0.00	0.00	0.00	0.00
Hand weeding twice at 20 &40 DAS	68.68	61.90	54.43	61.67
Wheel hoeing twice at 20 &40 DAS	63.54	54.46	45.72	54.57
Butachlor @ 2.0 kg a.i/ha 4 DAS	72.81	63.42	60.16	65.46
Mean	51.26	44.95	40.08	
			S. Em ±	C.D. (0.05)
Tillage (T)			0.58	1.61
Weed management (W)			0.92	1.93
Tillage x Weed management			1.59	3.34

T1 - Lavoura de verão duas vezes seguida da aplicação de glifosato a 1,0 kg a.i/ha 15 dias após a emergência das ervas daninhas, T2 - Lavoura de verão duas vezes, T3 - Lavoura convencional

4.2. Observações sobre as culturas

4.2.1 Atributos de crescimento

4.2.1.1 Altura da planta (cm)

Os dados sobre a altura das plantas registados aos 30, 60 e 90 dias após a sementeira e na colheita são apresentados no Quadro 8 (a) e no Quadro

8 (b) e representados na Fig. 6.

Tabela 8(a). Efeito da lavoura e da gestão das ervas daninhas na altura média das plantas (cm) em diferentes fases de crescimento do arroz

Treatments	Mean plant height (cm)			
	30DAS	60DAS	90DAS	Harvest
A. Tillage				
Summer ploughing twice followed by application of Glyphosate @ 1.0 kg a.i/ha 15 days after weed emergence	35.17	98.16	112.16	122.28
Summer ploughing twice	33.31	95.95	106.79	114.76
Conventional tillage	31.43	89.18	100.82	87.79
S. Em ±	0.66	0.75	1.88	1.83
CD (0.05)	1.84	2.10	5.22	5.09
B. Weed management				
Control (weedy)	30.25	85.62	86.49	63.59
Hand weeding twice at 20 & 40 DAS	33.63	96.94	114.44	124.32
Wheel hoeing twice at 20 & 40 DAS	33.54	96.64	110.11	119.99
Butachlor @ 2.0 kg a.i/ha 4 DAS	35.80	98.52	115.32	125.20
S. Em ±	1.02	0.63	1.98	1.88
CD (0.05)	2.15	1.32	4.16	3.96

4.1.4.2.1 Altura da planta aos 30 DAS

As diferenças na altura da planta aos 30 dias após a semeadura devido às práticas de lavoura foram consideradas significativas. A maior altura de planta (35.17cm) foi registada para o tratamento de lavoura de verão duas vezes seguido pela aplicação de glifosato @ 1.0 kg a.i/ha 15 dias após a emergência das ervas daninhas (T1) e a menor (31.43 cm) sob lavoura convencional (T3). As variações na altura da planta devido às práticas de manejo de ervas daninhas também foram significativas. A maior altura de planta de 35,80 cm e a menor de 30,25 cm foram registradas pelos tratamentos de aplicação de butachlor @ 2,0 kg a.i/ha 4 DAS (W4) e controle [Weedy] (W1) respetivamente. Os tratamentos de manejo de ervas daninhas capina manual duas vezes aos 20 e 40 DAS (W2) e enxada de roda duas vezes aos 20 e 40 DAS (W3) foram considerados iguais em relação à altura da planta. Os efeitos de interação das práticas de lavoura e de gestão de ervas daninhas em relação à altura da planta aos 30 DAS não foram significativos.

Tabela 8(b). Efeitos de interação da lavoura e da gestão das ervas daninhas na altura média das plantas (cm) em diferentes fases de crescimento do arroz

Treatment combination	Mean plant height (cm)			
	30DAS	60DAS	90DAS	Harvest
T1W1	31.48	95.12	97.30	98.80
T1W2	35.13	99.02	117.33	130.33
T1W3	34.79	98.22	113.89	126.89
T1W4	39.28	100.27	120.11	133.11
T2W1	29.99	91.07	91.13	91.97
T2W2	33.96	96.80	113.67	124.01
T2W3	34.24	97.02	107.67	118.01
T2W4	35.05	98.92	114.71	125.05
T3W1	29.27	70.67	71.03	0.00
T3W2	31.80	94.99	112.33	118.63
T3W3	31.57	94.67	108.78	115.08
T3W4	33.07	96.38	111.14	117.44
S.Em ±	1.77	1.09	3.44	3.26
CD (0.05)	NS	2.29	7.21	6.85

NS: Não significativo

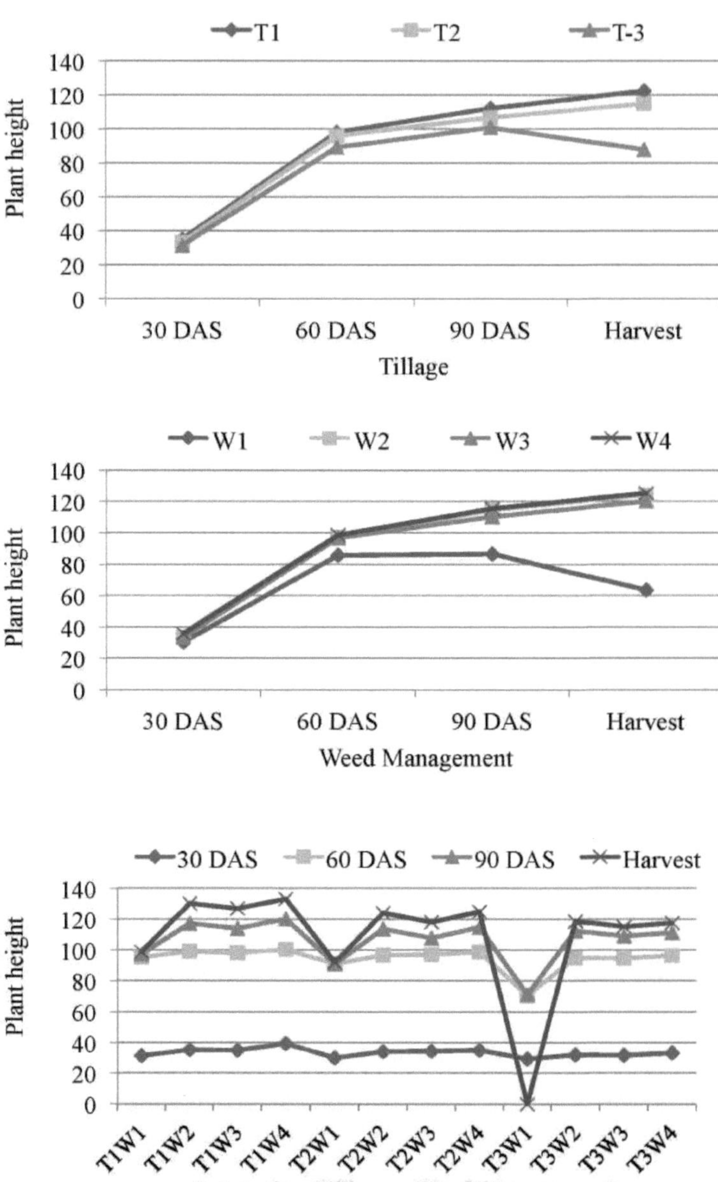

Fig. 6. Efeito da lavoura e da gestão de ervas daninhas e suas interações na altura da planta (cm

4.1.4.2.2 Altura da planta aos 60 DAS

Aos 90 DAS, a maior altura de planta (98,16 cm) foi registada para o tratamento de lavoura T1 e a menor (89,18 cm) para T3. As diferenças na altura das plantas aos 60 DAS devido às práticas de gestão das ervas daninhas também foram significativas. O tratamento de gestão de ervas daninhas W4 registou a maior altura de planta de 98,52 cm, que foi significativamente maior em comparação com todos os outros tratamentos de gestão de ervas daninhas. Os tratamentos W2 e W3 foram considerados iguais no que respeita à altura das plantas. A menor altura de planta de 85,62 cm foi registada no tratamento W1. Os efeitos de interação das práticas de lavoura e de gestão de ervas daninhas na altura das plantas também foram significativos. A maior altura de planta (100,27 cm) foi registada pela combinação de tratamento T1W4, que foi igual às combinações de tratamento T1W2, T2W4 e T1W3, enquanto que a menor altura de planta de 70,67 cm foi registada pelo T3W1.

4.1.4.2.3 Altura da planta aos 90 DAS

As diferenças na altura das plantas aos 90 DAS devido aos tratamentos de lavoura foram consideradas significativas. O método de lavoura T1 registou a maior altura de planta (112,16 cm), que foi significativamente superior ao resto dos tratamentos. A altura de planta mais baixa (100,82 cm) foi registada em T3. O tratamento T2 também registou uma altura de planta significativamente mais elevada do que o T3. As variações na altura das plantas devido aos tratamentos de controlo de ervas daninhas também foram significativas. A maior altura de planta (115,32 cm) foi associada ao tratamento W4, que foi igual ao tratamento W2. A menor altura de planta (86,49 cm) foi registada pelo tratamento W1. O W3 também registou uma altura de planta significativamente maior do que o W1. Os efeitos de interação do tratamento do solo e do manejo de ervas daninhas também foram significativos, a maior altura de planta (120,11 cm) foi registrada na combinação de tratamento T1W4, que foi igual às combinações de tratamento T1W2, T2W4, T1W3 e T2W2. A menor altura de planta de 71,03 cm aos 90 DAS foi registada pela combinação de tratamento T3W1.

4.1.4.2.4 Altura da planta na colheita

Uma leitura dos dados apresentados na Tabela-8(a) registrados na colheita revela que houve variações significativas na altura da planta entre os diferentes tratamentos de lavoura. A maior altura de planta (122,28 cm) foi registrada no tratamento T1, que foi significativamente superior aos outros tratamentos. A altura de planta significativamente mais alta do que o tratamento T3 também foi registada pelo tratamento T2. O tratamento de preparo do solo T3 registrou a menor altura de planta de 87,79 cm. As diferentes práticas de gestão de ervas daninhas registaram variações significativas na altura das plantas na colheita, que seguiram a mesma tendência que aos 90 DAS. A maior altura de planta (125,20 cm) foi associada ao tratamento de gestão de ervas daninhas W4, que estava a par com W2. O tratamento W3 também registou uma altura de planta significativamente maior do que o tratamento W1 que registou a altura de planta mais baixa (63,59 cm). Os efeitos de interação entre a lavoura e a gestão das ervas daninhas também se revelaram significativos. A maior altura de planta (133,11 cm) foi registada com a combinação de tratamento T1W4, que foi igual às combinações de tratamento T1W2 e T1W3.

Placa 2. Efeito da lavoura de verão duas vezes seguida da aplicação de glifosato @ 1,0 kg a.i/ha 15 dias após a emergência das ervas daninhas (T1) juntamente com a aplicação de butacloro @ 2,0 kg a.i/ha 4 DAS (W4) antes da floração

Placa 3. Efeito da lavoura convencional (T3) juntamente com o tratamento de controlo (infestante) (W1) antes da floração

4.1.4.3 Número de perfilhos por colina (No.)

Os dados sobre o número médio de perfilhos por colina registrados

79

aos 30, 60 e 90 dias após a semeadura e na colheita são apresentados na Tabela 9 (a) e Tabela 9 (b) e representados na Fig. 7.

4.1.4.3.1 Número de perfilhos por colina aos 30 DAS

As diferenças no número de perfilhos aos 30 DAS devido às práticas de lavoura foram consideradas significantes. O maior número de perfilhos por colina (5,81) foi registrado pela aragem de verão duas vezes seguida pela aplicação de glifosato @ 1,0 kg a.i/ha 15 dias após a emergência das ervas daninhas (T1), que foi significativamente superior ao resto dos tratamentos. A lavoura convencional (T3) registrou o menor (4,28) número de perfilhos por colina entre os tratamentos de lavoura. As variações no número de perfilhos devido às práticas de manejo de ervas daninhas também foram consideradas significativas. O número significativamente mais alto de perfilhos por colina (6.15) foi encontrado associado com a aplicação de butachlor @ 2.0 kg a.i/ha 4 DAS (W4). Capina manual duas vezes aos 20 e 40 DAS (W2) e enxada de roda duas vezes aos 20 e 40 DAS (W3) foram encontrados para serem iguais em relação ao número de perfilhos por colina. O número mais baixo de perfilhos por colina (3,44) foi registado no tratamento de controlo (Weedy) (W1). Os efeitos de interação das práticas de manejo de lavoura e ervas daninhas foram considerados não significativos.

4.1.4.3.2 Número de perfilhos por colina aos 60 DAS

Os dados médios apresentados na Tabela 9 (a) revelam que houve diferenças significativas no número de perfilhos por colina aos 60 DAS entre os

Tabela 9(a). Efeito da lavoura e do manejo de ervas daninhas no número médio de perfilhos por colina (no.) em diferentes estágios de crescimento do arroz

Treatments	Mean number of tillers per hill (No.)			
	30DAS	60DAS	90DAS	Harvest
A. Tillage				
Summer ploughing twice followed by application of Glyphosate @ 1.0 kg a.i/ha 15 days after weed emergence	5.81	8.31	11.64	11.58
Summer ploughing twice	4.95	7.45	10.33	10.01
Conventional tillage	4.28	6.78	8.83	8.56
S. Em ±	0.15	0.15	0.40	0.51
CD (0.05)	0.43	0.42	1.12	1.41
B. Weed management				
Control (weedy)	3.44	5.94	5.96	4.11
Hand weeding twice at 20 & 40 DAS	5.26	7.76	11.93	12.15
Wheel hoeing twice at 20 & 40 DAS	5.19	7.69	10.85	10.96
Butachlor @ 2.0 kg a.i/ha 4 DAS	6.15	8.65	12.32	12.96
S. Em ±	0.31	0.32	0.50	0.48
CD (0.05)	0.65	0.66	1.05	1.01

tratamentos de lavoura. O tratamento de lavoura T1 produziu um número significativamente mais alto (8,31) de perfilhos comparado com o resto dos tratamentos de lavoura enquanto que o número mais baixo de perfilhos (6,78) foi associado com T3. Variações significativas também foram registadas entre os vários tratamentos de gestão de ervas daninhas, com o maior número de perfilhos (8,65) sendo registado sob o tratamento W4. Os tratamentos de gestão de ervas daninhas W2 e W3 estavam a par um do outro e ambos os tratamentos registaram um número significativamente mais elevado de perfilhos do que o tratamento W1, que registou o número mais baixo de perfilhos (5,94). A interação entre a lavoura e os tratamentos de gestão de ervas daninhas não foi significativa.

Tabela 9(b). Efeitos da interação entre a lavoura e a gestão de ervas daninhas no número médio de perfilhos por colina (n.º) em diferentes fases de crescimento do arroz

Treatment combination	Mean number of tillers per hill (No.)			
	30DAS	60DAS	90DAS	Harvest
T1W1	3.55	6.05	7.56	6.89
T1W2	6.00	8.50	13.11	13.30
T1W3	6.44	8.94	12.00	11.89
T1W4	7.22	9.72	13.89	14.22
T2W1	3.56	6.06	6.33	5.44
T2W2	5.22	7.72	11.67	11.37
T2W3	4.89	7.39	11.22	10.45
T2W4	6.11	8.61	12.08	12.78
T3W1	3.22	5.72	4.00	0.00
T3W2	4.56	7.06	11.00	11.78
T3W3	4.22	6.72	9.33	10.56
T3W4	5.11	7.61	11.00	11.89
S.Em $\pm$	0.54	0.55	0.87	0.83
CD (0.05)	NS	NS	NS	1.74

NS: Non-significant

4.1.4.3.3 Número de perfilhos por colina aos 90 DAS

Aos 90 DAS, o método de lavoura T1 registou o número mais elevado (11,64) de perfilhos por colina, que foi significativamente superior ao resto da lavoura

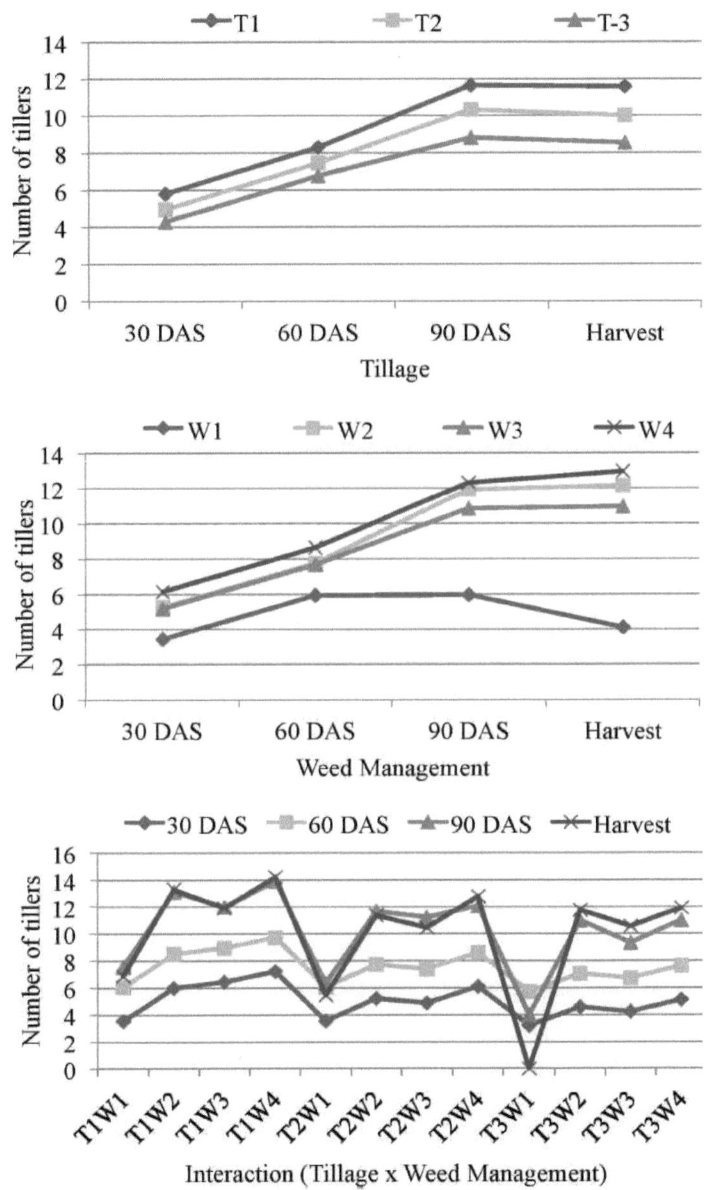

Fig. 7. Efeito da lavoura e do manejo de ervas daninhas e suas interações no número de perfilhos por colina (No.

tratamentos. O menor número de perfilhos por colina (8,83) foi registado em

83

T3. Variações em perfilhos devido ao manejo de ervas daninhas também foram observadas como significativas. O número mais alto (12,32) de perfilhos por colina foi associado ao W4, que estava no mesmo nível do método de manejo de ervas daninhas W2. W1 também registrou o menor (5,96) número de perfilhos por colina. O tratamento W3 também registrou um número significativamente mais alto de perfilhos do que o W1. Os efeitos de interação do tratamento do solo e do manejo de ervas daninhas aos 90 DAS em relação à produção de perfilhos não foram significativos.

4.1.4.3.4 Número de perfilhos por colina na colheita

Os dados registrados na colheita revelaram que houve uma diferença significativa na produção de perfilhos devido aos diferentes tratamentos de lavoura [Tabela 9(a)]. O menor número de perfilhos por colina (8,56) foi registado no tratamento T3. O tratamento de lavoura T1 registrou o maior número de perfilhos por colina (11,58), que foi significativamente superior aos demais tratamentos. Um número significativamente maior de perfilhos por colina também foi registado pelo tratamento T2 em relação ao T1. Os tratamentos de manejo de ervas daninhas também produziram variações significativas com relação à produção de perfilhos, que seguiram tendências similares com 90 DAS. O maior número de perfilhos por colina (12,15) foi associado ao tratamento W4, que foi igual ao W2. O tratamento de manejo de ervas daninhas W2 também registrou um número significativamente maior de perfilhos por colina em relação ao W1, que registrou o menor número de perfilhos por colina (4,11) na colheita. As interações da lavoura e do manejo de ervas daninhas na colheita também foram significativas. A combinação de tratamento T1W4 registrou um número significativamente maior de perfilhos por colina (1422), no entanto, foi igual às combinações de tratamento T1W2 e T2W4. O número mais baixo (0,00) de perfilhos por colina na colheita foi registado em T3W1.

4.1.4.4 Peso seco da planta (g/m^2)

Os dados médios sobre o peso seco das plantas registados aos 30, 60 e 90 dias após a sementeira e na colheita são apresentados no Quadro-10 (a) e no Quadro-10 (b) e representados na Fig. 8.

4.1.4.4.1 Peso seco da planta aos 30 DAS

O peso seco da planta aos 30 DAS exibiu diferenças significativas devido aos diferentes métodos de lavoura. O maior peso seco da planta (33,81 g/m^2) foi registado sob lavoura de verão duas vezes seguida pela aplicação de glifosato @ 1,0 kg a.i/ha 15 dias após a emergência das ervas daninhas (T1) e o menor (26,36 g/m$^{2)}$ sob lavoura convencional (T3). As variações no peso seco da planta devido às práticas de manejo de ervas daninhas também foram consideradas significativas. O maior (36,07 g/m^2) e o menor (19,79 g/m^2) peso seco da planta foram registados com a aplicação de butacloro @ 2,0 kg a.i/ha 4 DAS (W4) e controlo [Weedy] (W1) tratamentos respetivamente. A monda manual duas vezes aos 20 e 40 DAS (W2) e a sacha de roda duas vezes aos 20 e 40 DAS (W3) foram consideradas iguais. O efeito de interação entre as práticas de lavoura e as práticas de gestão de ervas daninhas no que diz respeito ao peso seco da planta aos 30 DAS foi considerado não significativo.

4.1.4.4.2 Peso seco da planta aos 60 DAS

As diferenças no peso seco da planta sob os diferentes métodos de lavoura foram consideradas significativas. Peso seco de planta significativamente mais alto

Quadro 10(a). Efeito da lavoura e da gestão de ervas daninhas no peso seco médio da planta (g/m^2) em diferentes estágios de crescimento do arroz

Treatments	Mean plant dry weight (g/m^2)			
	30DAS	60DAS	90DAS	Harvest
A. Tillage				
Summer ploughing twice followed by application of Glyphosate @ 1.0 kg a.i/ha 15 days after weed emergence	33.81	274.92	610.27	646.69
Summer ploughing twice	30.03	253.28	518.50	538.25
Conventional tillage	26.36	232.96	431.82	424.15
S. Em ±	1.27	7.04	30.39	32.70
CD (0.05)	3.52	19.57	84.49	90.91
B. Weed management				
Control (weedy)	19.79	158.28	177.07	140.29
Hand weeding twice at 20 & 40 DAS	32.21	281.57	660.22	693.00
Wheel hoeing twice at 20 & 40 DAS	32.20	265.10	561.20	596.09
Butachlor @ 2.0 kg a.i/ha 4 DAS	36.07	309.93	682.30	716.08
S. Em ±	1.66	12.51	40.20	39.00
CD (0.05)	3.48	26.28	84.43	81.89

(274,92 g/m^2) foi associado ao método de lavoura T1 e o mais baixo (232,96 g/m^2) ao T3. Os tratamentos de gestão de ervas daninhas também registaram diferenças significativas na produção de peso seco das plantas. O método de gestão de ervas daninhas W4 registou o maior peso seco da planta (309,93 g/m^2) e foi considerado altamente significativo em comparação com todas as outras práticas de gestão de ervas daninhas. O peso seco de planta mais baixo (158,28 g/m^2) foi

foi registado em W1. Os efeitos de interação entre as práticas de lavoura e as práticas de gestão de ervas daninhas no peso seco das plantas aos 60 DAS foram considerados não significativos.

Tabela 10(b). Efeitos de interação da lavoura e da gestão de ervas daninhas no peso seco médio das plantas (g/m^2) em diferentes fases de crescimento do arroz

Treatment combination	Mean plant dry weight (g/m^2)			
	30DAS	60DAS	90DAS	Harvest
T1W1	21.16	164.60	257.58	262.58
T1W2	35.72	303.79	764.00	812.33
T1W3	35.97	284.61	643.51	686.51
T1W4	42.41	346.67	776.00	825.33
T2W1	20.09	157.04	153.29	158.29
T2W2	32.49	284.65	668.33	693.33
T2W3	32.19	273.26	579.60	602.60
T2W4	35.33	298.15	672.77	698.77
T3W1	18.12	153.20	120.33	0.00
T3W2	28.43	256.27	548.32	573.32
T3W3	28.42	237.42	460.49	499.16
T3W4	30.46	284.97	598.14	624.14
S.Em $\pm$	2.87	21.67	69.63	67.54
CD (0.05)	NS	NS	NS	NS

NS: Non-significant

4.2.1.3.3 Peso seco da planta aos 90 DAS

As variações no peso seco da planta aos 90 DAS foram significativas entre os diferentes tratamentos de lavoura. O método de lavoura T1 registou o maior peso seco da planta (610,27 g/m^2), que foi significativamente superior aos restantes tratamentos. O peso seco da planta mais baixo (431,82 g/m^2) foi registado em T3. O T2 também registou um peso seco das plantas significativamente mais elevado do que o T3. As variações no peso seco das plantas devido aos métodos de gestão das ervas daninhas também foram significativas. O maior peso seco da planta (682,30 g/m^2) foi associado ao W4, que estava a par com o método de gestão de infestantes W2. O W1 registou o peso seco das plantas mais baixo (177,07 g/m^2). O W3 também registou um peso seco de plantas significativamente mais elevado do que o W1. Os efeitos de interação da lavoura e da gestão de ervas daninhas aos 90 DAS em relação ao peso seco da planta foram observados como não significativos.

4.2.1.3.4 Peso seco da planta aquando da colheita

Os dados registados na colheita revelaram que houve diferenças significativas no peso seco da planta entre os diferentes tratamentos de lavoura [Tabela 10 (a)]. O maior peso seco da planta (646,69 g/m^2) foi registado no tratamento de lavoura (T1), que foi significativamente superior aos restantes tratamentos. O peso seco da planta significativamente mais alto (538.25 g/m^2) sobre T3 também foi registado no tratamento T2 como no caso de 90 DAS. O tratamento de lavoura T3 registrou o menor (424,15 g/m^2) peso seco de planta na colheita. As práticas de gestão de ervas daninhas também foram observadas para produzir variações significativas no peso seco da planta na colheita, que seguiu a mesma tendência que com 90 DAS. O maior peso seco da planta (716,08 g/m^2) foi associado ao W4, que foi igual ao W2. O peso seco da planta significativamente mais alto (596,09 g/m^2) sobre W1 também foi registado sob o tratamento W3 enquanto que o peso seco da planta mais baixo (140,29 g/m^2) foi registado em W1. Os efeitos de interação da lavoura e da gestão de ervas daninhas no peso seco da planta na colheita foram considerados não significativos.

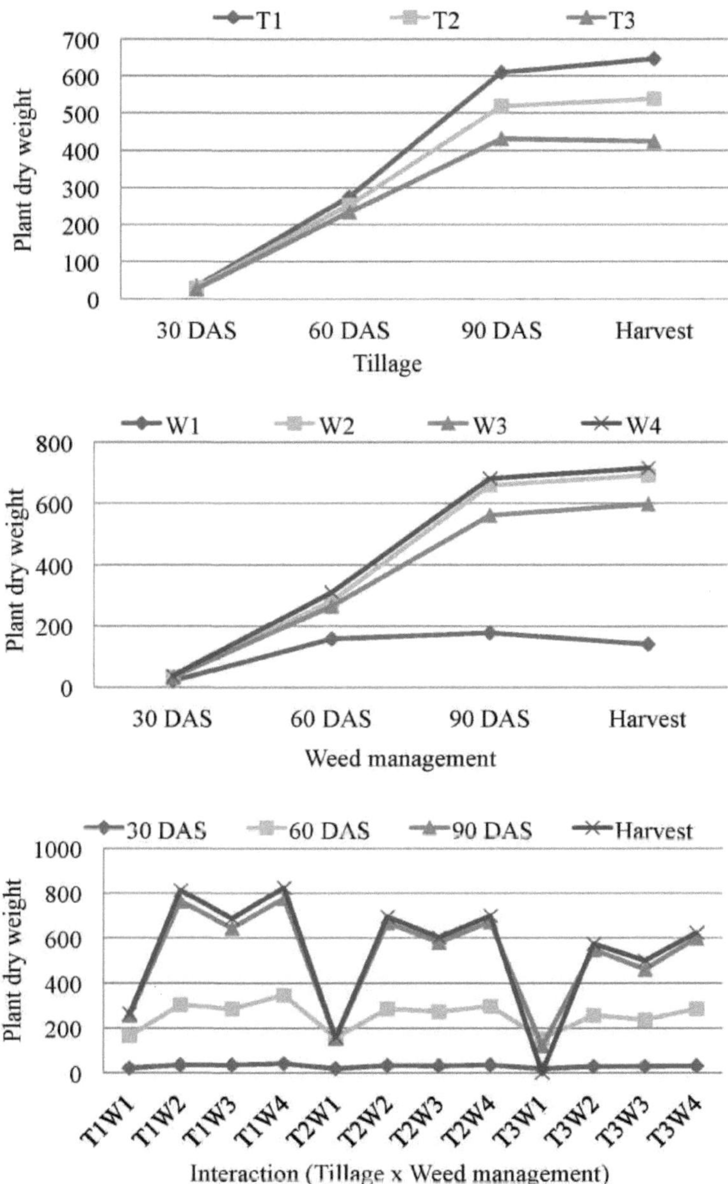

Fig. 8. Efeito da lavoura e da gestão de ervas daninhas e suas interações no peso seco da planta (g/m^2

Placa 4. Efeito da lavoura de verão duas vezes seguida da aplicação de glifosato @ 1,0 kg a.i/ha 15 dias após a emergência das ervas daninhas (T1) juntamente com a aplicação de butacloro @ 2,0 kg a.i/ha 4 DAS (W4) após a floração

Placa 5. Efeito da lavoura convencional (T3) juntamente com o tratamento de controlo (infestante) (W1) após a floração

Placa 6. Efeito da lavoura de verão duas vezes seguida da aplicação de glifosato a 1,0 kg a.i/ha 15 dias após a emergência das ervas daninhas (T1) juntamente com a monda manual duas vezes aos 20 e 40 DAS (W2) após a floração

Placa 7. Efeito da lavoura de verão duas vezes seguida da aplicação de glifosato a 1,0 kg a.i/ha 15 dias após a emergência das ervas daninhas (T1), juntamente com a sacha manual aos 20 e 40 DAS (W3) após a floração

4.2.2 Atributos de rendimento

4.2.2.1 Número de panículas (No. /m^2)

Os dados sobre o número de panículas para os vários tratamentos são apresentados no Quadro-11 e representados na Fig. 9.

Tabela 11. Efeito da lavoura, da gestão de ervas daninhas e das suas interações no número médio de panículas (n.º/m^2)

Weed management	Tillage			Mean
	T1	T2	T3	
Control (weedy)	5.04	5.63	0.00	3.56
Hand weeding twice at 20 &40 DAS	164.78	164.43	139.33	156.18
Wheel hoeing twice at 20 &40 DAS	150.31	143.24	130.50	141.35
Butachlor @ 2.0 kg a.i/ha 4 DAS	172.59	163.27	138.38	158.08
Mean	123.18	119.14	102.05	
			S. Em ±	C.D. (0.05)
Tillage (T)			0.82	2.28
Weed management (W)			3.95	8.29
Tillage x Weed management			6.83	NS

NS: Non-Significant

T1 - Lavoura de verão duas vezes seguida da aplicação de glifosato a 1,0 kg a.i/ha 15 dias após a emergência das ervas daninhas, T2 - Lavoura de verão duas vezes, T3 - Lavoura convencional

4.2.2.1.1 Efeitos principais

Lavoura

As diferenças no número de panículas devido aos métodos de lavoura foram consideradas significativas. O tratamento de lavoura

lavoura de verão duas vezes

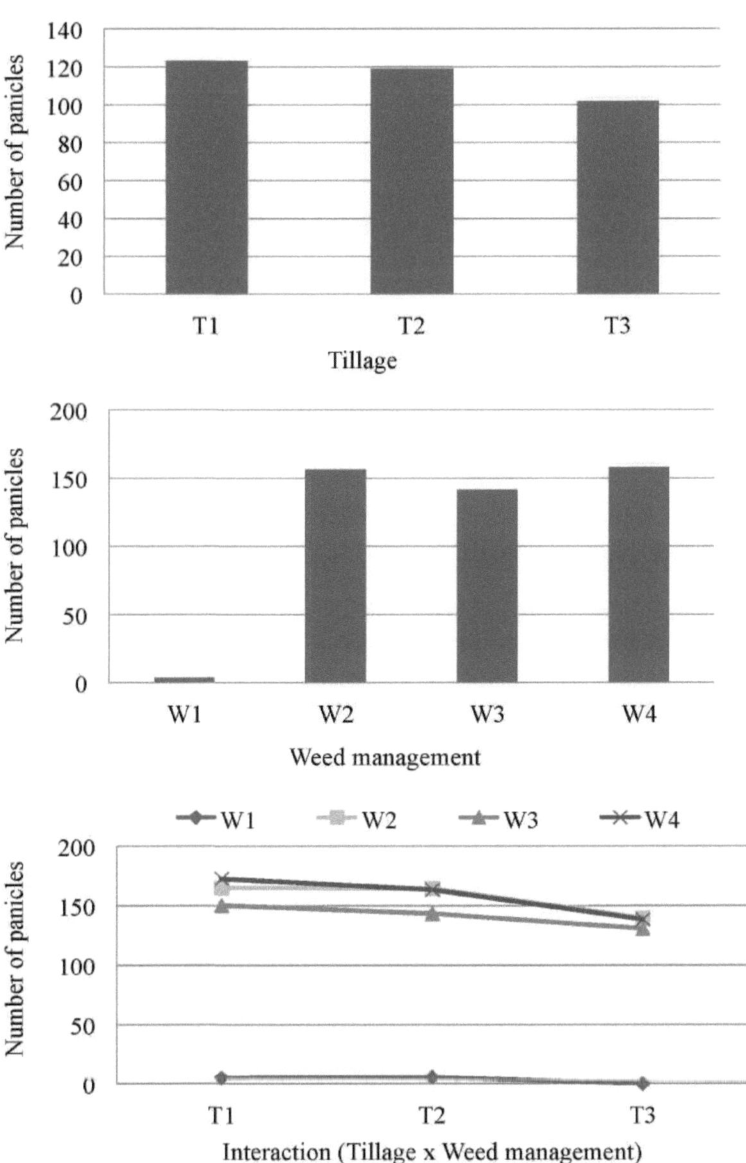

Fig. 9. Efeito da lavoura e da gestão de ervas daninhas e suas interações no número de panículas (n.º/m²

seguido pela aplicação de glifosato @ 1.0 kg a.i/ha 15 dias após a emergência das ervas daninhas registrou significativamente o maior (123.18) número de panículas por m^2 comparado com a lavoura de verão duas vezes e a lavoura convencional. O número mais baixo de panículas (102.05) foi registado sob lavoura convencional.

Gestão de ervas daninhas

As diferenças no número de panículas devido aos tratamentos de gestão de ervas daninhas foram consideradas significativas. O maior número de panículas (158,08) foi produzido pela aplicação de butachlor @ 2,0 kg a.i/ha 4 DAS, que foi encontrado a par com a monda manual duas vezes aos 20 e 40 DAS. O menor número (3,56) de panículas foi encontrado associado ao tratamento de controlo (Weedy).

4.2.2.1.2 Efeitos de interação

Lavoura x Manejo de ervas daninhas:

Os efeitos de interação da lavoura e da gestão de ervas daninhas no número de panículas não foram significativos.

4.2.2.2 Comprimento da panícula (cm)

Os dados sobre o comprimento da panícula para vários tratamentos são apresentados no Quadro-12 e representados na Fig. 10.

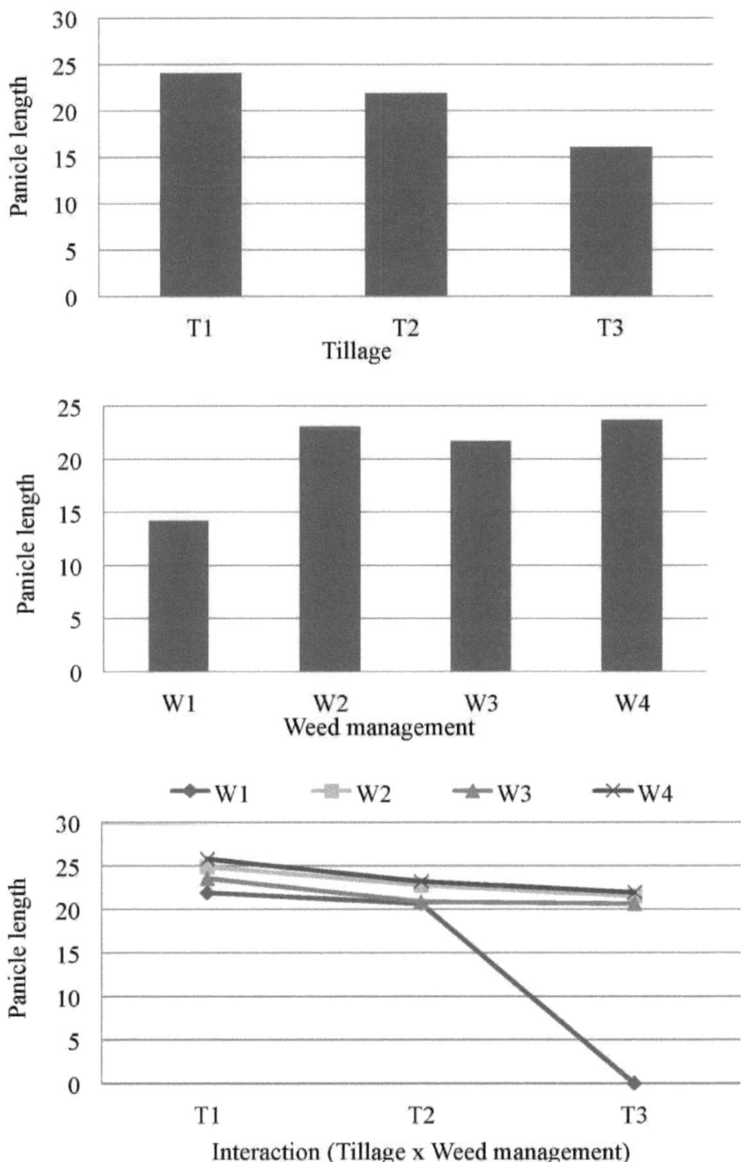

Fig. 10. Efeito da lavoura e da gestão de ervas daninhas e suas interações no comprimento da panícula (cm

95

4.2.2.2.1 Efeitos principais

Lavoura

Os diferentes métodos de lavoura registaram diferenças significativas no comprimento da panícula. O tratamento T1 apresentou um comprimento de panícula significativamente mais longo (24,04 cm) do que os observados nos restantes tratamentos de lavoura, por outro lado, o T3 registou o comprimento de panícula mais curto de 16,03 cm.

Tabela 12. Efeito da lavoura, da gestão das ervas daninhas e das suas interações no comprimento médio das panículas (cm)

Weed management	Tillage			Mean
	T1	T2	T3	
Control (weedy)	21.89	20.63	0.00	14.18
Hand weeding twice at 20 &40 DAS	24.89	22.80	21.51	23.07
Wheel hoeing twice at 20 &40 DAS	23.57	20.86	20.63	21.69
Butachlor @ 2.0 kg a.i/ha 4 DAS	25.80	23.21	21.97	23.66
Mean	24.04	21.88	16.03	

	S. Em $\pm$	C.D. (0.05)
Tillage (T)	0.44	1.22
Weed management (W)	0.55	1.15
Tillage x Weed management	0.95	2.00

T1 - Summer ploughing twice followed by application of glyphosate @ 1.0 kg a.i/ha 15 days after weed emergence, T2 - Summer ploughing twice, T3 - Conventional tillage

Gestão de ervas daninhas

As diferenças no comprimento da panícula devido aos métodos de gestão de ervas daninhas também foram significativas. A panícula mais longa (23,66 cm)

foi associado ao tratamento W4 e o mais curto (14,18 cm) ao W1. O tratamento de gestão de ervas daninhas W2 também registou um comprimento de panícula significativamente mais longo, que (23,07 cm) foi igual ao do W4. O comprimento da panícula registado no tratamento W3 (21,69 cm) foi também significativamente superior ao do tratamento W1.

4.2.2.2.2 Efeitos de interação

Lavoura x Gestão das infestantes

Os efeitos de interação entre lavoura e manejo de ervas daninhas no comprimento da panícula foram observados como significativos. O maior comprimento de panícula (25,80 cm) foi registado na combinação de tratamento T1W4 e o menor (0,00 cm) em T3W1. O comprimento da panícula (24,89 cm) registado no T1W2 foi igual ao do T1W4.

4.2.2.3 Peso da panícula (g)

Uma leitura dos dados médios para os vários tratamentos no peso da panícula é apresentada no Quadro-13 e representada na Fig.11.

4.2.2.3.1 Efeitos principais:

Lavoura:

Diferentes métodos de lavoura registraram diferenças significativas com respeito ao peso das panículas. O maior peso de panícula de 4.89 g foi registrado sob o tratamento de lavoura T1 enquanto que o menor peso de panícula de 3.36 g foi registrado sob o tratamento de lavoura T3. O tratamento de lavoura T2 foi encontrado a par com ambos T1 e T3 com respeito ao peso da panícula.

Gestão de ervas daninhas

As diferenças no peso da panícula devido aos métodos de gestão de ervas daninhas foram consideradas significativas. Os tratamentos de gestão de ervas daninhas W4 e W2 estavam a par entre si e registaram um peso de panícula significativamente mais elevado de 5,16 g e 5,08 g, respetivamente, em relação aos outros tratamentos. O W3 também registou um peso de panícula significativamente mais elevado do que o W1, tendo este último registado o peso de panícula mais baixo de 1,78 g.

Tabela 13. Efeito da lavoura, da gestão das ervas daninhas e das suas interações no peso médio das panículas (g)

Weed management	Tillage			Mean
	T1	T2	T3	
Control (weedy)	2.80	2.54	0.00	1.78
Hand weeding twice at 20 &40 DAS	5.73	5.01	4.50	5.08
Wheel hoeing twice at 20 &40 DAS	5.22	4.55	4.30	4.69
Butachlor @ 2.0 kg a.i/ha 4 DAS	5.82	5.02	4.65	5.16
Mean	4.89	4.28	3.36	
			S. Em $\pm$	C.D. (0.05)
Tillage (T)			0.44	1.22
Weed management (W)			0.55	1.15
Tillage x Weed management			0.95	2.00

T1 - Lavoura de verão duas vezes seguida da aplicação de glifosato a 1,0 kg a.i/ha 15 dias após a emergência das ervas daninhas, T2 - Lavoura de verão duas vezes, T3 - Lavoura convencional

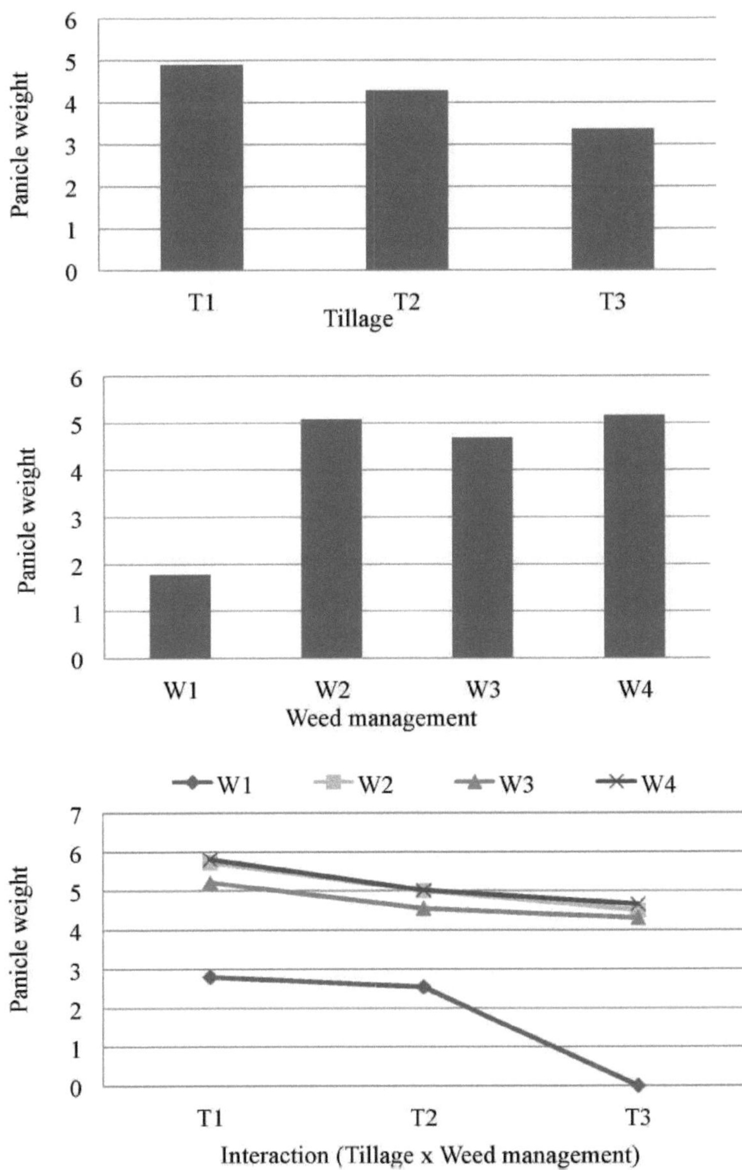

Fig. 11. Efeito da lavoura e do manejo de ervas daninhas e suas interações no peso das panículas (g

4.2.2.3.2 Efeitos de interação

Lavoura x Gestão das infestantes

Os efeitos de interação da lavoura e da gestão de ervas daninhas no peso da panícula foram considerados significativos. As combinações de tratamento T1W4, T1W2 e T1W3 estavam em pé de igualdade com relação ao peso da panícula e registraram maior peso da panícula (5,82 g, 5,73g e 5,22 g respetivamente). O peso de panícula mais baixo, de 0,00 g, foi registado em T3W1.

4.2.2.4 . Número de grãos cheios por panícula (N.º)

Os dados sobre o número de grãos cheios por panícula para vários tratamentos são apresentados no Quadro -14 e representados na Fig.12.

4.2.2.4.1 Efeitos principais

Lavoura

As diferenças no número de grãos cheios por panícula devido à lavoura foram consideradas significativas. O maior (165,12) número de grãos cheios foi registado no tratamento T1, enquanto o tratamento T3 registou o menor (115) número de grãos cheios por panícula.

Gestão de ervas daninhas

O número de grãos cheios por panícula registado para diferentes tratamentos de gestão de ervas daninhas mostrou diferenças significativas. O número de grãos cheios variou de 59 a 175. Entre todas as práticas de gestão de infestantes, a W4 produziu o maior número de grãos cheios (175), o que se verificou a par da W2 (172). O menor número de grãos (59) por panícula foi encontrado associado ao tratamento W1.

Tabela 14. Efeito da lavoura, do manejo de ervas daninhas e suas interações no número médio de grãos cheios por panícula (no.)

Weed management	Tillage			Mean
	T1	T2	T3	
Control (weedy)	100.67	78.93	0.00	59.87
Hand weeding twice at 20 &40 DAS	186.40	167.80	163.67	172.62
Wheel hoeing twice at 20 &40 DAS	183.07	133.60	141.33	152.67
Butachlor @ 2.0 kg a.i/ha 4 DAS	190.33	180.73	156.07	175.71
Mean	165.12	140.27	115.27	

	S. Em $\pm$	C.D. (0.05)
Tillage (T)	6.69	18.61
Weed management (W)	5.44	11.42
Tillage x Weed management	9.42	19.78

T1 - Summer ploughing twice followed by application of glyphosate @ 1.0 kg a.i/ha 15 days after weed emergence, T2 - Summer ploughing twice, T3 - Conventional tillage

4.2.2.4.2 Efeitos de interação

Lavoura x gestão das infestantes

O efeito de interação da lavoura e da gestão de ervas daninhas no número de grãos cheios por panícula também foi significativo. As combinações de tratamento T1W4, T1W2, T1W3 e T2W4 foram iguais entre si e registaram um número significativamente mais elevado de grãos cheios por panícula do que os restantes tratamentos; no entanto, o valor mais elevado (190,33) foi registado

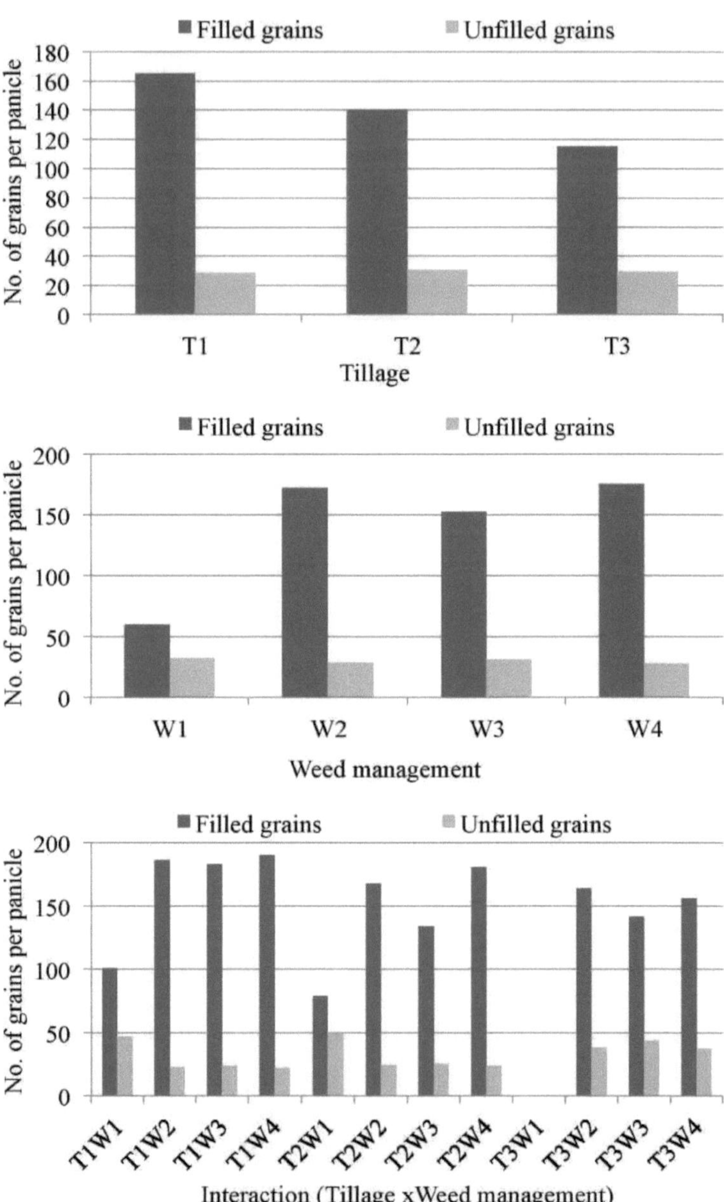

Fig. 12. Efeito da lavoura e do manejo de ervas daninhas e suas interações no número de grãos por panícula (no.

no tratamento T1W4. O menor número de grãos cheios (0,00) foi registado na combinação de tratamento T3W1.

4.2.2.5 Número de grãos não cheios por panícula (N.º)

A leitura dos dados médios de grãos não cheios por panícula para os vários tratamentos é apresentada no Quadro 15 e representada na Fig. 12.

Tabela 15. Efeito da lavoura, do manejo de ervas daninhas e suas interações no número médio de grãos não preenchidos por panícula (no.)

Weed management	Tillage			Mean
	T1	T2	T3	
Control (weedy)	46.87	49.53	0.00	32.13
Hand weeding twice at 20 &40 DAS	22.77	24.40	38.13	28.43
Wheel hoeing twice at 20 &40 DAS	23.83	25.57	43.73	31.04
Butachlor @ 2.0 kg a.i/ha 4 DAS	22.07	23.60	37.67	27.78
Mean	28.88	30.78	29.88	

	S. Em ±	C.D. (0.05)
Tillage (T)	0.58	1.60
Weed management (W)	0.53	1.12
Tillage x Weed management	0.93	1.94

T1 - Summer ploughing twice followed by application of glyphosate @ 1.0 kg a.i/ha 15 days after weed emergence, T2 - Summer ploughing twice, T3 - Conventional tillage

4.2.2.5.1 Principais efeitos

Lavoura

A variação no número de grãos não preenchidos por panícula devido à lavoura foi considerada significativa. O tratamento de lavoura T2 registrou a maior

(30.(78) número de grãos não cheios por panícula, que foi igual ao do tratamento T3. O T1 registou um número significativamente mais baixo (28,88) de grãos não cheios por panícula, em comparação com o T2; no entanto, também foi igual ao tratamento T3.

Gestão de ervas daninhas

As diferenças no número de grãos não preenchidos por panícula devido aos métodos de gestão de ervas daninhas foram significativas. O W1 registou um número significativamente mais elevado (32,13) de grãos por encher por panícula do que os restantes tratamentos, exceto o W3, com o qual se situou ao mesmo nível. O número mais baixo (27,78) de grãos não cheios por panícula foi registado em W4; no entanto, foi igual ao tratamento W2.

4.2.2.5.2 Efeitos de interação

Lavoura x gestão das infestantes

Os efeitos de interação da lavoura e do manejo de ervas daninhas também foram significativos. O maior número de grãos não preenchidos por panícula (49,53) foi registrado na combinação de tratamento T2W1, que foi seguido pela combinação de tratamento T1W1 sob a qual foi registrado um número médio de grãos não preenchidos por panícula de 46,87. O número mais baixo (0,00) de grãos por panícula foi registado na combinação de tratamento T3W1.

4.2.2.6 1000-Peso do grão (g)

Os dados relativos ao peso de 1000 grãos são apresentados no Quadro

16 e estão representados na Fig. 13.

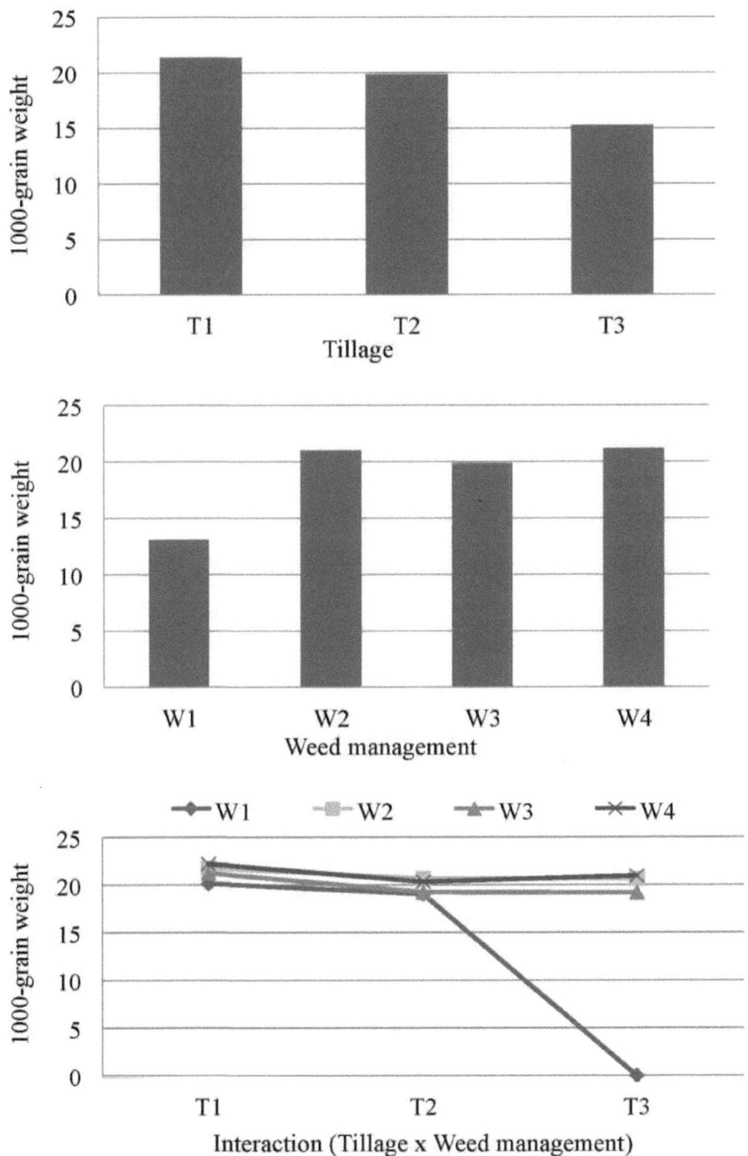

Fig. 13. Efeito da lavoura e da gestão de ervas daninhas e suas interações no peso de 1000 grãos (g

Tabela 16. Efeito da lavoura, gestão de ervas daninhas e suas interações no peso de 1000 grãos (g)

Weed management	Tillage			Mean
	T1	T2	T3	
Control (weedy)	20.16	19.05	0.00	13.07
Hand weeding twice at 20 &40 DAS	21.77	20.70	20.65	21.04
Wheel hoeing twice at 20 &40 DAS	21.27	19.22	19.20	19.90
Butachlor @ 2.0 kg a.i/ha 4 DAS	22.23	20.34	20.97	21.18
Mean	21.36	19.83	15.21	

	S. Em $\pm$	C.D. (0.05)
Tillage (T)	0.55	1.52
Weed management (W)	0.48	1.01
Tillage x Weed management	0.83	1.75

T1 - Summer ploughing twice followed by application of glyphosate @ 1.0 kg a.i/ha 15 days after weed emergence, T2 - Summer ploughing twice, T3 - Conventional tillage

4.2.2.6.1 Efeitos principais

Lavoura

As diferenças no peso de 1000 grãos devido aos tratamentos de lavoura foram significativas. O peso de 1000 grãos significativamente mais alto (21,36 g) em relação aos outros tratamentos de lavoura foi obtido no tratamento T1, enquanto o valor mais baixo para o peso de 1000 grãos (15,21 g) foi obtido no T3.

Gestão de ervas daninhas

Também foram registadas variações significativas no peso de 1000 grãos devido a diferentes tratamentos de gestão de ervas daninhas. Os tratamentos W4 e W2 de gestão de ervas daninhas foram iguais entre si, no entanto o valor mais elevado para o peso de 1000 grãos (21,18 g) foi registado no W4. O peso de 1000 grãos registado no tratamento W3 (19,90 g) também foi significativamente superior ao registado no tratamento W1, que registou o peso de 1000 grãos mais baixo, 13,07 g.

4.2.2.6.1 Efeitos de interação

Lavoura x gestão das infestantes

Os efeitos de interação da lavoura e da gestão de ervas daninhas no peso de 1000 grãos foram observados como significativos. As combinações de tratamento T1W4, T1W2, T1W3, T3W4, T2W2 e T3W2 foram iguais entre si e registaram um peso de teste significativamente mais elevado do que as restantes combinações de tratamento, sendo que o valor mais elevado para o peso de 1000 grãos (22,23 g) foi observado sob T1W4. O valor mais baixo (0,00 g) para o peso de 1000 grãos foi associado à combinação de tratamento T3W1.

4.2.2.7 Rendimento dos grãos (q/ha)

Os dados sobre o rendimento de grãos para os vários tratamentos são apresentados no Quadro 17 e representados na Fig. 14.

4.2.2.7.1 Efeitos principais:

Lavoura:

As diferenças no rendimento de grãos devido a diferentes tratamentos de lavoura foram encontradas para serem significantes. O rendimento de grãos significativamente mais alto de 27,27 q/ha foi associado ao tratamento de aragem de verão duas vezes seguido pela aplicação de glifosato @ 1,0 kg a.i/ha 15 dias após a emergência de ervas daninhas. O rendimento de grãos sob a lavoura de verão duas vezes (21,17 q/ha) também foi significativamente maior do que o registrado sob a lavoura convencional, que registrou o menor rendimento de grãos de 15,40 q/ha.

Tabela 17. Efeito da lavoura, gestão de ervas daninhas e suas interações no rendimento médio de grãos de arroz (q/ha)

Weed management	Tillage			Mean
	T1	T2	T3	
Control (weedy)	0.58	0.48	0.00	0.35
Hand weeding twice at 20 &40 DAS	38.80	30.69	21.62	30.37
Wheel hoeing twice at 20 &40 DAS	30.38	22.08	18.05	23.50
Butachlor @ 2.0 kg a.i/ha 4 DAS	39.33	31.44	21.92	30.90
Mean	27.27	21.17	15.40	

	S. Em ±	C.D. (0.05)
Tillage (T)	0.64	1.79
Weed management (W)	0.32	0.67
Tillage x Weed management	0.55	1.15

T1 - Summer ploughing twice followed by application of glyphosate @ 1.0 kg a.i/ha 15 days after weed emergence, T2 - Summer ploughing twice, T3 - Conventional tillage

Gestão de ervas daninhas

O rendimento de grãos registado sob os diferentes tratamentos de gestão de ervas daninhas também mostrou variações significativas. O rendimento de grãos variou de um mínimo de 0,35 q/ha a um máximo de 30,90 q/ha. Entre os tratamentos de gestão de ervas daninhas, a aplicação de butachlor @ 2,0 kg a.i/ha 4 DAS e a monda manual duas vezes aos 20 e 40 DAS registaram rendimentos de grãos significativamente mais elevados de 30,90 q/ha e 30,37 q/ha, respetivamente, em comparação com o resto

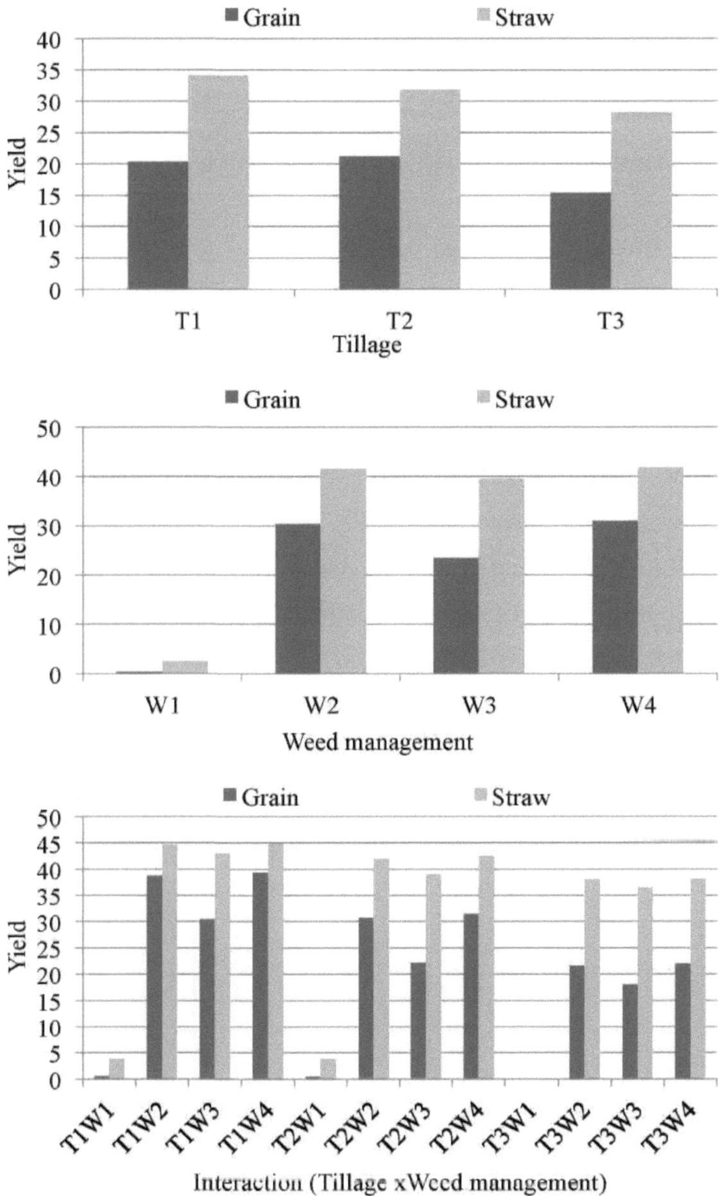

Fig. 14. Efeito da lavoura e da gestão de ervas daninhas e suas interações no rendimento de grãos e palha (q/ha

dos tratamentos. O rendimento de grãos mais baixo de 0,35 q/ha foi registado no tratamento de controlo (infestante). A sacha de roda duas vezes aos 20 e 40 DAS também registou um rendimento de grãos significativamente mais elevado do que o tratamento de controlo (infestante).

4.2.2.7.2 Efeitos de interação

Lavoura x gestão das infestantes

Os efeitos de interação da lavoura e da gestão de ervas daninhas no rendimento de grãos também foram significativos. As combinações de tratamento T1W4 e T1W2 foram iguais entre si e registraram um rendimento de grãos significativamente maior de 39,33 q/ha e 38,80 q/ha respetivamente sobre o resto das combinações de tratamento. O rendimento de grãos mais baixo (0,00 q/ha) foi registado na combinação de tratamento T3W1, que estava a par com T2W1 e T1W1.

4.2.2.8 Rendimento em palha (q/ha)

Os dados médios dos vários tratamentos sobre o rendimento da palha são apresentados no Quadro 18 e são apresentados graficamente na Fig.14.

4.2.2.8.1 Efeitos principais

Lavoura

As diferenças no rendimento da palha devido aos tratamentos de lavoura foram consideradas significativas. Rendimentos de palha significativamente mais altos, comparados com o rendimento de palha obtido sob lavoura convencional, de 34,10 q/ha e 31,83 q/ha foram registados sob os tratamentos lavoura de verão duas vezes seguida pela aplicação de glifosato @ 1,0 kg a.i/ha 15 dias após a emergência de ervas daninhas e lavoura de verão duas vezes respetivamente. O rendimento de palha mais baixo de 28,18 q/ha foi registado na lavoura convencional.

Tabela 18. Efeito da lavoura, da gestão de ervas daninhas e das suas interações no rendimento médio de palha do arroz (q/ha)

Weed management	Tillage			Mean
	T1	T2	T3	
Control (weedy)	3.82	3.80	0.00	2.54
Hand weeding twice at 20 &40 DAS	44.73	42.00	38.10	41.61
Wheel hoeing twice at 20 &40 DAS	43.00	39.00	36.47	39.49
Butachlor @ 2.0 kg a.i/ha 4 DAS	44.87	42.50	38.17	41.84
Mean	34.10	31.83	28.18	
			S. Em $\pm$	C.D. (0.05)
Tillage (T)			0.97	2.68
Weed management (W)			0.42	0.88
Tillage x Weed management			0.73	1.53

T1 - Summer ploughing twice followed by application of glyphosate @ 1.0 kg a.i/ha 15 days after weed emergence, T2 - Summer ploughing twice, T3 - Conventional tillage

Gestão de ervas daninhas

Também foram registadas diferenças significativas no rendimento da palha entre os diferentes tratamentos de gestão de ervas daninhas. Entre os tratamentos de gestão de ervas daninhas, a aplicação de butacloro @2,0 kg a.i/ha 4 DAS e a monda manual duas vezes aos 20 e 40 DAS registaram rendimentos de palha significativamente mais elevados (41,84 q/ha e 41,61 q/ha, respetivamente) em comparação com o tratamento de controlo (infestante). A sacha de roda duas vezes aos 20 e 40 DAS também registou um rendimento de palha significativamente mais elevado (39,49 q/ha) em comparação com o tratamento de controlo (infestante), que registou o rendimento de palha mais baixo (2,54 q/ha).

4.2.2.8.2 Efeitos de interação

Lavoura x gestão das infestantes

Os efeitos de interação da lavoura e da gestão de ervas daninhas no rendimento da palha também foram significativos. A combinação de tratamento T1W4 registrou significativamente maior rendimento de palha (44,87 q/ha) sobre o resto das combinações de tratamento, exceto T1W2 com o qual estava a par. O menor rendimento de palha (0,00 q/ha) foi registado na combinação de tratamento T3W1.

4.2.2.9 . Índice de colheita (%)

Os dados sobre o índice de colheita (HI) para vários tratamentos são apresentados no Quadro-19 e representados na Fig. 15.

4.2.2.9.1 Efeitos principais

Lavoura

As diferenças no índice de colheita como resultado da resposta aos diferentes tratamentos de lavoura foram consideradas significativas. O maior índice de colheita (36,95 %) foi registrado sob a lavoura de verão duas vezes seguida pela aplicação de glifosato @ 1,0 kg a.i/ha 15 dias após a emergência das ervas daninhas, que foi significativamente superior ao resto dos tratamentos. A lavoura convencional registrou o menor índice de colheita (26,44 %) entre todos os tratamentos de lavoura.

Gestão de ervas daninhas

O índice de colheita registado para diferentes tratamentos de gestão de ervas daninhas também mostrou diferenças significativas. A aplicação de butacloro @ 2,0 kg a.i/ha 4 DAS e a monda manual duas vezes aos 20 e 40 DAS foram consideradas iguais e registaram um índice de colheita significativamente mais elevado (41,90 % e 41,62 %, respetivamente) em comparação com a sacha de roda duas vezes aos 20 e 40 DAS e o tratamento de controlo (infestante). A sacha duas vezes aos 20 e 40 DAS também registou um índice de colheita significativamente mais elevado de 36,89% em comparação com o tratamento de controlo (infestante), que registou o índice de colheita mais baixo de 8,14%.

Tabela 19. Efeito da lavoura, da gestão das ervas daninhas e das suas interações no índice médio de colheita (%)

Weed management	Tillage			Mean
	T1	T2	T3	
Control (weedy)	13.22	11.19	0.00	8.14
Hand weeding twice at 20 &40 DAS	46.45	42.22	36.19	41.62
Wheel hoeing twice at 20 &40 DAS	41.40	36.16	33.12	36.89
Butachlor @ 2.0 kg a.i/ha 4 DAS	46.71	42.53	36.46	41.90
Mean	36.95	33.03	26.44	

	S. Em ±	C.D. (0.05)
Tillage (T)	0.72	2.01
Weed management (W)	0.35	0.74
Tillage x Weed management	0.61	1.29

T1 - Summer ploughing twice followed by application of glyphosate @ 1.0 kg a.i/ha 15 days after weed emergence, T2 - Summer ploughing twice, T3 - Conventional tillage

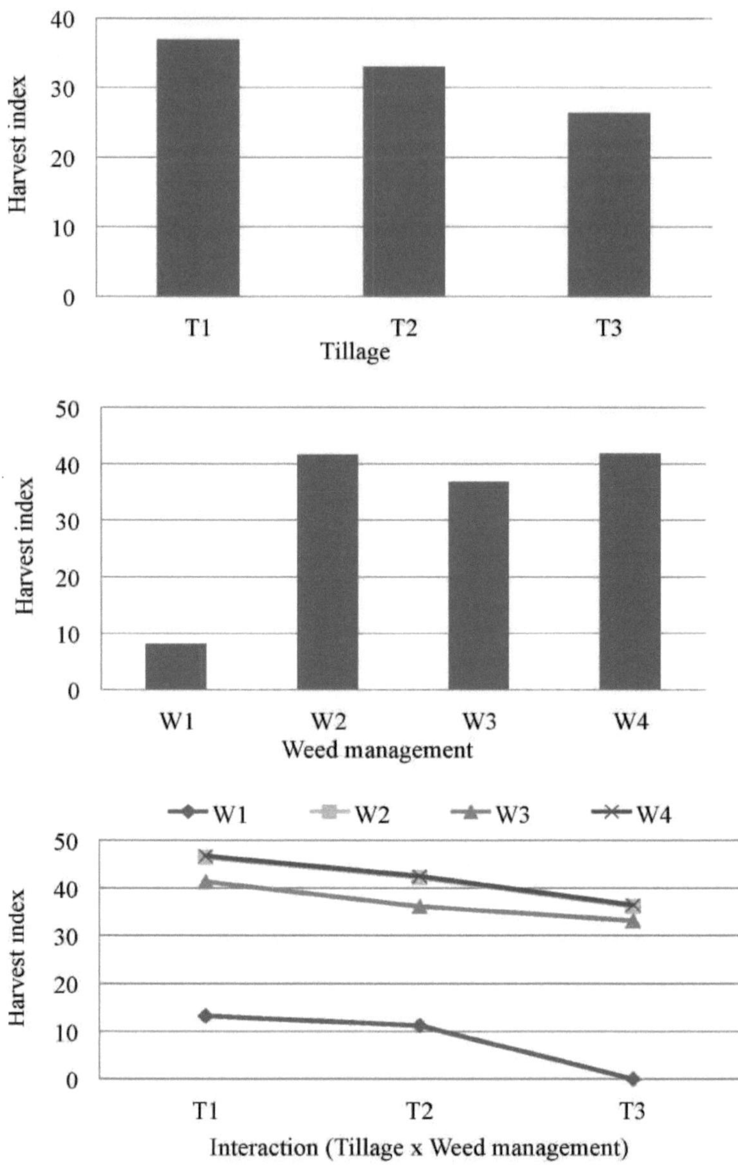

Fig. 15. Efeito da lavoura e da gestão de ervas daninhas e suas interações no índice de colheita (%)

114

4.2.2.9.2 Efeitos de interação

Lavoura x gestão das infestantes

Os efeitos de interação da lavoura e da gestão de ervas daninhas no índice de colheita também foram significativos. A combinação de tratamento T1W4 registrou um índice de colheita significativamente mais alto (46,71%) sobre o resto das combinações de tratamento, exceto para T1W2, com o qual estava no mesmo nível. O índice de colheita mais baixo (0,00 %) foi registado na combinação de tratamento T3W1.

4.3 Observações fenológicas
4.3.1 Dias até 50 por cento de floração

Os dados sobre dias para 50 por cento de floração dos vários tratamentos de lavoura e manejo de ervas daninhas são apresentados na Tabela-20.

4.3.1.1 Efeitos principais

Lavoura

Os diferentes tratamentos de lavoura não produziram qualquer resposta significativa na cultura no que diz respeito aos dias até 50 por cento de floração.

Gestão de ervas daninhas

A leitura dos dados apresentados no Quadro 20 mostra que os vários tratamentos de gestão de ervas daninhas não produziram qualquer resposta significativa na cultura no que diz respeito aos dias 50% de floração.

Tabela 20. Efeito da lavoura, da gestão das ervas daninhas e das suas interações nos dias até 50 % de floração

Weed management	Tillage			Mean
	T1	T2	T3	
Control (weedy)	89.00	89.00	89.00	89.00
Hand weeding twice at 20 &40 DAS	89.00	89.00	89.00	89.00
Wheel hoeing twice at 20 &40 DAS	89.00	89.00	89.00	89.00
Butachlor @ 2.0 kg a.i/ha 4 DAS	89.00	89.00	89.00	89.00
Mean	89.00	89.00	89.00	
		S. Em $\pm$	C.D. (0.05)	
Tillage (T)		0.00	NS	
Weed management (W)		59.33	NS	
Tillage x Weed management		102.77	NS	

NS: Non-significant

T1 - Summer ploughing twice followed by application of glyphosate @ 1.0 kg a.i/ha 15 days after weed emergence, T2 - Summer ploughing twice, T3 - Conventional tillage

4.3.1.2 Efeitos de interação

Lavoura x Gestão das infestantes

Os efeitos de interação da lavoura e da gestão de ervas daninhas nos dias até 50% de floração foram considerados não significativos. Todas as combinações de tratamento registaram 50% de floração aos 89 dias após a sementeira.

4.3.2 Dias até ao vencimento

Os dados sobre os dias até à maturidade afectados pela lavoura e pela gestão das ervas daninhas são apresentados no Quadro 21.

Tabela 21. Efeito da lavoura, da gestão das ervas daninhas e das suas interações nos dias até à maturidade

Weed management	Tillage			Mean
	T1	T2	T3	
Control (weedy)	135.00	135.00	135.00	135.00
Hand weeding twice at 20 &40 DAS	135.00	135.00	135.00	135.00
Wheel hoeing twice at 20 &40 DAS	135.00	135.00	135.00	135.00
Butachlor @ 2.0 kg a.i/ha 4 DAS	135.00	135.00	135.00	135.00
Mean	135.00	135.00	135.00	

	S. Em $\pm$	C.D. (0.05)
Tillage (T)	0.00	NS
Weed management (W)	90.00	NS
Tillage x Weed management	155.88	NS

NS: Non-significant

T1 - Summer ploughing twice followed by application of glyphosate @ 1.0 kg a.i/ha 15 days after weed emergence, T2 - Summer ploughing twice, T3 - Conventional tillage

4.3.2.1 Efeitos principais

Lavoura

Os diferentes tratamentos de lavoura não registaram qualquer resposta significativa na cultura no que diz respeito aos dias de maturação.

Gestão de ervas daninhas

O número de dias até à maturidade, influenciado pelos tratamentos de gestão das infestantes, também não foi significativo.

4.3.1.2 Efeitos de interação

Lavoura x Gestão das infestantes

Os efeitos de interação dos tratamentos de lavoura e de gestão de ervas daninhas em dias até à maturidade foram considerados não significativos. 139 dias para a maturidade foram registados para todas as combinações de tratamento.

4.4 . Economia

A economia do custo de cultivo, incluindo o custo de cultivo/ha, o rendimento bruto/ha, o rendimento líquido/ha e o rácio custo-benefício (BCR) foram calculados de acordo com os preços de mercado prevalecentes dos inputs e outputs e são apresentados no Quadro-22.

4.4.1 Custo de cultivo (Rs./ha)

Os dados apresentados na Tabela-22 mostram que sob o tratamento de lavoura lavoura de verão duas vezes seguido pela aplicação de glifosato @ 1.0 kg a.i/ha 15 dias após a emergência da erva daninha o maior custo de cultivo de Rs.16511.19 foi incorrido sob a capina manual duas vezes aos 20 e 40 DAS enquanto que o menor custo de cultivo de Rs.11711.19 foi incorrido sob o tratamento de controle (erva daninha). Tendências semelhantes foram observadas sob o tratamento de lavoura lavoura de verão duas vezes onde, o maior custo de cultivo de Rs.16029.19 foi registado sob capina manual duas vezes aos 20 e 40 DAS e o menor custo de cultivo (Rs.11229.19) sob o tratamento de controlo (ervas daninhas). No tratamento convencional, o custo mais baixo de cultivo (Rs.10829.19) foi registado no tratamento de controlo (infestante) e o custo mais alto de cultivo (Rs.15629.19) na monda manual duas vezes aos 20 e 40 DAS. No geral, entre todas as combinações de tratamento, o custo mais alto de cultivo foi incorrido sob a lavoura de verão duas vezes seguida pela aplicação de glifosato @ 1,0 kg a.i/ha 15 dias com duas capinas manuais aos 20 e 40 DAS (Rs.16511.19) enquanto que o custo mais baixo de cultivo (Rs.10829.19) foi incorrido sob lavoura convencional com tratamento de controle (ervas daninhas).

Tabela 22. Economia do custo de cultivo

Treatment combinations	Cost of cultivation (Rs./ha)	Gross return (Rs./ha)			Net return (Rs./ha)	BCR
		Grain	Straw	Total		
T1W1	11711.19	348.00	144.60	492.60	-11218.59	0.04
T1W2	16511.19	23280.00	1341.90	24621.90	8110.71	1.49
T1W3	14271.19	18228.00	1290.00	19518.00	5246.81	1.37
T1W4	12311.19	23598.00	1346.10	24944.10	12632.91	2.03
T2W1	11229.19	288.00	144.00	432.00	-10797.19	0.04
T2W2	16029.19	18414.00	1260.00	19674.00	3644.81	1.23
T2W3	13789.19	13248.00	1170.00	14418.00	628.81	1.05
T2W4	11829.19	18864.00	1275.00	20139.00	8309.81	1.70
T3W1	10829.19	0.00	0.00	0.00	-10829.19	0.00
T3W2	15629.19	12972.00	1143.00	14115.00	-1514.19	0.90
T3W3	13389.19	10830.00	1094.10	11924.10	-1465.09	0.89
T3W4	11429.19	13152.00	1145.10	14297.10	2867.91	1.25

Butachlor 50 % EC @ Rs.220/lit, Glyphosate 41% SL@ Rs.322/lit, Price of grain @ Rs.6/kg, Price of straw @ Rs.30/qt, Labour charge @ Rs.80/day

4.4.2 Rendimento bruto (Rs./ha)

A leitura dos dados da Tabela-22 mostra que sob o tratamento de lavoura lavoura de verão duas vezes seguido pela aplicação de glifosato @ 1.0 kg a.i/ha 15 dias após a emergência da erva daninha o maior retorno bruto de Rs.24944.10 foi registrado do tratamento aplicação de butachlor @ 2.0 kg a.i/ha 4 DAS. Da mesma forma, sob a lavoura de verão duas vezes e lavoura convencional, os maiores retornos brutos de Rs.20139.00 e Rs.14297.00 respetivamente foram registados com a aplicação de butachlor @ 2.0 kg a.i/ha 4 DAS. O retorno bruto mais baixo foi registrado do tratamento de controle (erva daninha) sob todos os tratamentos de lavoura (Rs.462.60, Rs.432.00 e Rs.0.00 para tratamentos de lavoura; lavoura de verão duas vezes seguida pela aplicação de glifosato @ 1.0 kg a.i/ha 15 dias após a emergência da erva daninha, lavoura de verão duas vezes e lavoura convencional respetivamente). Entre todas as combinações de tratamento, o retorno bruto mais alto de Rs.24944.10/ha foi registrado sob a aragem de verão duas vezes seguida pela aplicação de glifosato @ 1.0 kg a.i/ha 15 dias após a emergência da erva daninha com aplicação de butachlor @ 2.0 kg a.i/ha 4 DAS enquanto o retorno bruto mais baixo (Rs.0.00) foi registrado na lavoura convencional com tratamento de controle (erva daninha).

4.4.3 Rendimento líquido (Rs./ha)

Sob todos os três tratamentos de lavoura, o retorno líquido máximo foi registrado com a aplicação de butacloro @ 2.0 kg a.i/ha 4 DAS (Rs.12632.91, Rs.8309.81 e Rs.2867.91 sob tratamentos de lavoura T1, T2 e T3 respetivamente) enquanto que, o tratamento controle (infestante) registrou um balanço negativo sob todos os três tratamentos de lavoura (Rs.11218.59, Rs.10797.19 e Rs.10829.19 sob tratamentos de lavoura T1, T2 e T3 respetivamente). No geral, entre todas as combinações de tratamento, a lavoura de verão duas vezes seguida pela aplicação de glifosato @ 1,0 kg a.i/ha 15 dias após a emergência da erva daninha com aplicação de butaclor @ 2,0 kg a.i/ha 4 DAS registrou o maior retorno líquido de Rs.12632.91, enquanto a lavoura convencional com tratamento de controle (erva daninha) registrou um saldo negativo de Rs.10218.59.

4.4.4 Rácio benefício-custo (BCR)

A aplicação de butacloro @ 2.0 kg a.i/ha 4 DAS registrou a maior relação custo benefício sob todos os tratamentos de lavoura (2.03 sob T1,

1.70 sob T2 e 1.25 sob T3) enquanto que o tratamento de controle (erva daninha) registrou a menor relação custo benefício com todos os três tratamentos de lavoura (0.04 sob T1, 0.04 sob T2 e 0.00 sob T3). Entre todas as práticas de cultivo, a lavoura de verão duas vezes seguida pela aplicação de glifosato @1,0 kg a.i/ha 15 dias após a emergência das ervas daninhas, juntamente com a aplicação de butacloro 2,0 kg a.i/ha 4 DAS registrou a maior relação custo-benefício de 2,03, por outro lado, a lavoura convencional com o tratamento de controle (ervas daninhas) resultou na menor relação custo-benefício (0,00).

CAPÍTULO 5
DISCUSSÃO

No presente capítulo, foi feita uma tentativa de racionalizar e discutir as possíveis razões por trás das variações significativas estatisticamente comprovadas em resposta aos diferentes tratamentos de lavoura e de gestão de ervas daninhas testados na investigação. Por conveniência, o capítulo foi classificado para discutir as variações conclusivamente para estudos sobre ervas daninhas, estudos sobre plantas e economia apoiando as descobertas e possíveis causas com referências relevantes conforme necessário.

5.1   Estudos sobre ervas daninhas

Flora infestante

No presente estudo, foram identificadas 25 espécies de infestantes, das quais 16, 8 e 1 espécies de infestantes de folha larga, gramíneas e juncos, respetivamente. A flora de ervas daninhas dominante registada no campo experimental foi *Ageratum conyzoides* Linn., *Borreria hispidia* (L.) K Schum, *Melochia corchorifolia* (L.), *Mimosa pudica* (L.), *Scoparia dulcis* (L.), *Cassia tora e Triumfetta rhomboids* (Jacq.) entre as ervas daninhas de folha larga, *Cynodon dactylon* (L) Pers, *Digitaria setigera* Roth., *Setaria pumila* (Poir.) Roem & Schutt. e *Eleusine indica* (Gareth.) entre as gramíneas. Apenas foi registada uma espécie de junça, *Cyperus iria* (L.).

Densidade das infestantes, peso seco e eficiência do controlo das infestantes

A densidade de ervas daninhas e o peso seco foram significativamente influenciados pelos diferentes tratamentos de lavoura. Em todos os estágios de crescimento, a lavoura de verão duas vezes seguida pela aplicação de glifosato @ 1,0 kg a.i/ha 15 dias após a emergência das ervas daninhas (T1) foi superior na redução da densidade das ervas daninhas, bem como do peso seco das ervas daninhas e também registrou a maior eficiência de controle de ervas daninhas. A destruição mecânica da vegetação infestante existente durante o verão e a exposição das reservas de sementes ou propágulos de infestantes, seguida de subsequente queimadura, contribuíram para o desempenho superior da lavoura de verão no controlo eficiente das infestantes. Esta constatação é apoiada por relatórios anteriores de Tewari e Singh (1991). A aplicação do herbicida translocado não seletivo glifosato após a lavoura de verão e a emergência das ervas daninhas pode ter contribuído para um controlo eficaz das ervas daninhas, aumentando a eficácia da aplicação do herbicida. O Roundup é um herbicida pós-emergente translocado, não seletivo e de largo espetro, que pode ser utilizado para controlar eficazmente as ervas daninhas perenes rizomatosas e de raízes profundas (Rao, 1983). Bhagat *et al.* (1996) também referiram que o controlo das ervas daninhas é eficaz se a lavoura for combinada com a aplicação de herbicidas, porque se sabe que a lavoura aumenta a eficácia dos herbicidas. A aplicação de um herbicida não seletivo no campo em pousio, após a lavoura, pode matar as ervas daninhas emergidas e até reduzir a sua capacidade de regeneração durante a próxima época de cultivo (Krishnaveni *et al.*, 2005). A maior densidade de ervas daninhas, bem como o peso seco das ervas daninhas, foram constantemente registados na lavoura convencional (T3), que também registou a menor eficiência de controlo de ervas daninhas. A maior densidade de ervas daninhas e o peso seco de ervas daninhas e, por fim, a menor eficiência de controle de ervas daninhas registradas na lavoura convencional podem ser devidas ao momento inadequado, à profundidade e à frequência inadequada das operações de lavoura. Mohler e Galford (1997) também relataram que a composição, densidade e persistência a longo prazo da população de ervas daninhas foi influenciada pelo método, profundidade, tempo e frequência de cultivo. Achados semelhantes também foram relatados por Bayan *et al.* (1999).

Os tratamentos de gestão das ervas daninhas tiveram um efeito significativo em todos os atributos das ervas daninhas, nomeadamente a densidade das ervas daninhas, o peso seco das ervas daninhas e a eficiência do controlo das ervas daninhas. A densidade de infestantes e o peso seco das infestantes foram significativamente mais elevados no tratamento de controlo (infestante) (W1) em todas as fases de observação. Resultados semelhantes foram também registados por Reddy e Manjulatha (1998). Mirza *et al.* (2007) também relataram que a densidade de ervas daninhas foi significativamente maior em parcelas sem ervas daninhas do que em outros tratamentos. Aos 30 e 60 DAS, a aplicação de butacloro @ 2,0 kg a.i/ha 4 DAS (W4) registou a densidade mais baixa de ervas daninhas, bem como o peso seco das ervas daninhas, seguido de monda manual duas vezes aos 20 e 40 DAS (W2). Isto pode dever-se ao facto de a aplicação pré-emergente de butacloro ter sido capaz de controlar eficazmente o aparecimento precoce de ervas daninhas. A aplicação de butacloro não só afectou a germinação das ervas daninhas como também reduziu o crescimento das ervas daninhas já emergentes (Hazarika, 1983). Tasic *et al.* (1979) também relataram que a aplicação de butacloro a 2 kg a.i. ha^{-1} foi mais rentável do que 2-3 mondas manuais para o controlo de ervas daninhas em arroz de terras altas. Aos 90 DAS e na colheita, os tratamentos de gestão de ervas daninhas W4 e W2 estavam a par um do outro e registaram uma densidade de ervas daninhas e um peso seco significativamente mais baixos do que os restantes tratamentos de gestão de ervas daninhas, o que pode dever-se a um controlo eficaz das ervas daninhas associado a ambos os tratamentos. Borgonain e Upadhaya (1976) também referiram que a aplicação pré-emergente de butacloro a 1,5 kg a.i./ha foi tão eficaz como a monda manual no controlo das infestantes nos arrozais. A eficiência do controlo das ervas daninhas também foi registada como sendo mais elevada para o tratamento W4 seguido do W2, o que pode ser atribuído ao peso seco significativamente mais baixo das ervas daninhas registado por ambos os tratamentos em comparação com os restantes tratamentos de gestão de ervas daninhas.

As interações entre a lavoura e a gestão de ervas daninhas resultaram em respostas significativas no que diz respeito à densidade de ervas daninhas, peso seco de ervas daninhas e eficiência de controlo de ervas daninhas. A lavoura de verão duas vezes seguida da aplicação de glifosato @ 1,0 kg a.i/ha 15 dias após a emergência das ervas daninhas (T1) com aplicação pré-emergente de butacloro @ 2,0 kg a.i/ha 4 DAS (W4) foi superior na redução do peso seco das ervas daninhas em todas as fases de crescimento e também registou a maior eficiência de controlo das ervas daninhas. Isto está de acordo com as descobertas de Krishnaveni *et al.* (2005) que relataram que o controlo eficaz das ervas daninhas obtido durante os primeiros períodos de crescimento devido à aplicação pré-plantação de Round up CT foi prolongado com a aplicação pré-emergência de Machete. Vijaybaskaran (1992) também registou resultados semelhantes. Factores como a prevenção da germinação de sementes de ervas daninhas e o controlo eficaz das ervas daninhas germinadas podem ter resultado na redução do crescimento das ervas daninhas na lavoura de verão duas vezes seguida da aplicação de glifosato @ 1,0 kg a.i/ha 15 dias após a emergência das ervas daninhas com a aplicação de butacloro @ 2,0 kg a.i/ha 4 DAS. Isso está de acordo com os resultados de Krishnaveni *et al.* (2005). Os efeitos de interação na densidade de ervas daninhas foram significativos aos 30 DAS, onde a combinação de tratamentos T1W4, T2W4, T3W4 T1W2, T1W3, T2W2 e T2W3 registaram densidades de ervas daninhas comparativamente mais baixas, o que pode ser atribuído ao controlo superior de ervas daninhas observado nos tratamentos individuais T1, T2, W2, W3 e W4. A maior densidade de ervas daninhas foi registada nas parcelas de controlo (Weedy) sob lavoura convencional, o que pode ser atribuído a operações de lavoura inadequadas com crescimento descontrolado de ervas daninhas associado à combinação de tratamentos. Como discutido anteriormente, no que diz respeito ao peso seco das ervas daninhas, a combinação de tratamento T1W4 registou o menor peso seco das ervas daninhas em todas as fases de crescimento, no entanto, verificou-se que estava a par com a combinação de tratamento T1W2 aos 60 e 90 DAS e na colheita. O controlo eficaz das ervas daninhas exibido pelas combinações de tratamento T1W4 e T1W2 pode ser atribuído à significância individual previamente observada nos tratamentos T1, W4 e W2. A interação de tratamento T3W1 registou significativamente o maior peso seco de ervas daninhas em todas as fases de crescimento, o que pode ser atribuído ao crescimento descontrolado de ervas daninhas associado ao tratamento. A maior eficiência de controlo de ervas daninhas foi registada na combinação de tratamentos T1W4, seguida do T1W2, o que pode ser atribuído a um peso seco de ervas daninhas significativamente mais baixo devido ao crescimento reduzido de ervas daninhas registado em ambas as combinações de tratamentos.

5.2 Estudos sobre as culturas

Atributos de crescimento

Foi observado que os tratamentos de lavoura tiveram influência significativa nos vários atributos de crescimento da cultura. Em todos os estágios de observação, a lavoura de verão duas vezes seguida pela aplicação de glifosato @ 1,0 kg a.i/ha 15 dias após a emergência de ervas daninhas (T1) foi encontrado para registar o número máximo de perfilhos por colina, altura da planta assim como peso seco da planta. Bhan e Tilak (1964) também relataram que um bom preparo do solo produziu uma área foliar maior e um número maior de perfilhos. O controle efetivo de ervas daninhas alcançado sob o tratamento de lavoura T1 durante o estágio inicial de crescimento da cultura pode ter dado à cultura uma vantagem competitiva sobre as ervas daninhas, facilitando assim a utilização efetiva dos recursos de crescimento disponíveis pela cultura, resultando na expressão de atributos superiores de crescimento, como número de perfilhos, altura da planta, acúmulo de biomassa, etc. Isso está de acordo com os resultados de Singh e Singh (1985). A lavoura convencional (T3) registrou constantemente o menor número de perfilhos por colina, bem como a menor altura de planta e peso seco de planta, o que pode ser atribuído à alta taxa de ervas daninhas e ao crescimento de ervas daninhas associado à lavoura convencional, resultando em crescimento inferior da cultura.

Entre os diferentes tratamentos de gestão de ervas daninhas testados, a aplicação de butacloro @ 2,0 kg a.i/ha 4 DAS (W4) registou atributos de crescimento da cultura significativamente superiores, como o número de perfilhos, a altura da planta e o peso seco da planta em todas as fases, exceto aos 90 DAS e na colheita, onde foi estatisticamente igual à monda manual duas vezes aos 20 e 40 DAS (W2) aos 90 DAS e na colheita. Estas constatações podem ser atribuídas às constatações anteriores de que ambos os tratamentos (W4 e W2) registaram uma eficiência de controlo de ervas daninhas significativamente mais elevada do que os restantes tratamentos de gestão de ervas daninhas, o que pode ter resultado num maior número de perfilhos, altura da planta e acumulação de peso seco da planta. Bajpal e Singh (1992) também relataram que uma maior eficiência de controlo das ervas daninhas resulta numa maior produção de perfilhos. Lakshmanon *et al.* (1984) também relataram que uma maior eficiência no controle de ervas daninhas induz favoravelmente um melhor crescimento da cultura e rendimento de biomassa. O número mais baixo de perfilhos por colina, altura de planta bem como peso seco de planta foi constantemente registrado no tratamento de controle (com ervas daninhas) (W1), o que pode ser atribuído à alta infestação de ervas daninhas e biomassa de ervas daninhas associada ao tratamento. Singh *et al.* (1989) também relatou que o controle de ervas daninhas tinha o menor número de perfilhos por colina.

O efeito de interação da lavoura e do manejo de ervas daninhas sobre o número de perfilhos foi significativo na colheita, onde a interação T1W4 registrou o maior número de perfilhos por colina, mas foi estatisticamente igual às interações T1W2 e T2W4, enquanto o menor número de perfilhos foi registrado na interação T3W1. Os efeitos das interações na altura da planta também foram significativos aos 60 e 90 DAS e na colheita, onde a interação T1W4 registou constantemente a maior altura de planta, no entanto, foi constantemente igual à interação T1W2 aos 60 e 90 DAS e na colheita. Da mesma forma, as combinações de tratamento T2W4, T1W3, T2W2 e T1W3 também foram encontradas a par com T1W4 em diferentes estágios de crescimento sem nenhum padrão particular. A maior altura de planta exibida sob estas combinações de tratamento com padrões variados pode ser atribuída a diferentes graus de controlo de ervas daninhas alcançados sob estes tratamentos em diferentes estágios de crescimento, levando a efeitos correspondentes na altura das plantas. Enquanto que a interação T3W1 registou constantemente a altura de planta mais baixa aos 60 e 90 DAS e na colheita, em comparação com todas as outras combinações de tratamentos. A maior produção de perfilhos e altura de plantas registada pelas interações T1W4 e T1W2 pode ser atribuída à maior eficiência de controlo de ervas daninhas associada a estes tratamentos, resultando num crescimento superior da cultura. Singh e Singh (1985) também relataram que a supressão efetiva de ervas daninhas por períodos mais longos a partir do estágio inicial de crescimento favorece a cultura na utilização efetiva de todos os recursos disponíveis, levando a plantas mais altas, maior índice de área foliar e maior produção de matéria seca. Considerando que, atributos de crescimento de cultura inferiores como exibidos pela interação T3W1 podem ser atribuídos a operações de lavoura inadequadas juntamente com a exclusão do controlo de ervas daninhas associado ao tratamento.

Atributos de rendimento

Observou-se que as práticas de lavoura têm um efeito significativo em todos os atributos de rendimento, exceto no número de grãos não cheios por panícula. Entre os componentes do rendimento, o número de panículas por unidade de área é o fator mais importante que contribui para o rendimento. A lavoura de verão duas vezes seguida pela aplicação de glifosato @ 1,0 kg a.i/ha 15 dias após a emergência das ervas daninhas (T1) produziu significativamente um alto número de panículas sobre os outros métodos de lavoura. A maior absorção de nutrientes pela cultura do arroz devido ao maior controle de ervas daninhas pode ser atribuída ao maior número de panículas sob este tratamento (T1). Choudhury (1989) também relatou que uma maior absorção de nutrientes pela cultura do arroz ajudou a alcançar uma maior capacidade de fonte-sumidouro através do aumento do número de panículas, o que se reflectiu positivamente num maior rendimento de grãos de arroz. O número mais baixo de panículas por unidade de área foi observado na lavoura convencional, o que pode ser atribuído ao aumento da remoção de nutrientes pelas ervas daninhas, sendo o tratamento em consideração associado a operações de lavoura pobres e, portanto, menor controle de ervas daninhas. O comprimento da panícula também seguiu a mesma tendência que o número de panículas. As panículas mais longas observadas no tratamento do solo T1 podem ser atribuídas ao aumento da altura da planta registado no tratamento. Palaniswamy e Kumaran Kutty (1990) também relataram que o comprimento da panícula foi positivamente correlacionado com a altura do perfilho. O número de grãos cheios por panícula também foi maior no tratamento T1, enquanto o número mais baixo de grãos cheios foi registado no tratamento T3. O maior número de grãos cheios no tratamento T1 pode ser atribuído à maior absorção de nutrientes pela cultura devido à menor competição das ervas daninhas. As ervas daninhas competem sempre com a cultura por recursos como luz, água e nutrientes, que são necessários para que a planta produza grãos saudáveis (Antigua *et al.*, 1988). Choudhary (1989) também relatou que a maior absorção de nutrientes pela cultura do arroz resultou num maior número de grãos cheios por panícula. O peso de 1000 grãos também é considerado um carácter muito importante na determinação do rendimento de grãos por hectare. No presente estudo, observou-se que o tratamento de lavoura T1 registou o maior peso de teste, o que também pode ser atribuído a uma maior absorção de nutrientes pelas plantas devido a um controlo superior das ervas daninhas. O objetivo final da produção vegetal é o rendimento do grão. Isso depende da composição favorável dos componentes dos caracteres de crescimento, cuja discussão foi apresentada. Observou-se que as várias práticas de lavoura têm uma influência marcante no rendimento de grãos. O maior rendimento de grãos foi observado sob a aragem de verão duas vezes seguida pela aplicação de glifosato @1,0 kg a.i/ha 15 dias após a emergência de ervas daninhas (T1). O maior rendimento de grãos registado no tratamento T1 pode ser atribuído à melhor exibição dos componentes do rendimento, ou seja, número de panículas por unidade de área e número de grãos por panícula. O rendimento de grãos foi mais baixo no tratamento convencional (T3), que apresentou atributos de rendimento inferiores. Pode-se prever que os componentes de rendimento inferiores se reflictam no rendimento de grãos. A mesma tendência também foi registada no rendimento de palha. No entanto, o rendimento da palha no tratamento T2 foi igual ao do tratamento T1. O rendimento de palha mais baixo foi registado no tratamento T3, o que pode ser atribuído à elevada competição de ervas daninhas associada ao tratamento. O índice de colheita também apresentou tendências semelhantes às do rendimento de grãos. O índice de colheita mais elevado registado no tratamento T1 pode dever-se a uma maior partição da matéria seca nos grãos, enquanto que o índice de colheita mais baixo registado no tratamento T3 pode dever-se a uma baixa produção de grãos em comparação com a produção de palha.

O resultado revelou que foi registada uma variação significativa no rendimento de grãos entre os diferentes métodos de gestão de ervas daninhas testados na experiência. Os dados revelaram que a aplicação de butacloro @ 2 kg a.i/ha 4 DAS (W4) e a monda manual duas vezes aos 20 e 40 DAS (W2) foram iguais entre si e registaram os maiores rendimentos de grão e palha, enquanto que o menor rendimento de grão e palha foi associado ao tratamento de controlo (infestante) (W1). Os rendimentos de grãos mais altos associados aos tratamentos W4 e W2 foram possíveis devido à sua melhor expressão dos componentes de rendimento viz., número de perfilhos por colina, número de panículas por m^2, comprimento da panícula, peso da panícula, número de grãos por panícula e grãos cheios por panícula. Estes resultados estão de acordo com os resultados de Sinha *et al.* (1987), que também relataram que o rendimento de grãos pode ser associado à produção de um número maior de perfilhos produtivos por panícula, porcentagem de esterilidade e peso de 1000 grãos. Baharat Bhushan Rao *et al.* (2000) também relataram que o rendimento máximo de grãos está associado a maior matéria seca, panícula mais pesada e número de grãos totais por panícula. A expressão de atributos superiores de rendimento em termos pode ser atribuída ao aumento da disponibilidade de nutrientes, água, luz e espaço para as plantas cultivadas como resultado de um controlo eficaz das ervas daninhas. Moorthy e Mittra (1992) também relataram que o uso de Butachlor @ 1.5 - 2.0 Kg a.i /ha alcançou melhor controle de ervas daninhas resultando em maior rendimento de grãos, que foi comparável à prática de capina manual. O rendimento mais baixo de grão e palha registado no tratamento de controlo (infestante) pode dever-se ao aumento da competição entre a cultura e as ervas daninhas ao longo da estação de crescimento da cultura, o que acabou por afetar o crescimento da cultura, resultando numa exibição de rendimento e atributos de rendimento inferiores.

Verificou-se que os tratamentos de lavoura e de gestão de ervas daninhas registaram efeitos de interação significativos no rendimento e nos atributos de rendimento. As interações de tratamento T1W4 e T1W2 foram iguais entre si e registaram o maior rendimento em grão e palha do que as restantes interações de tratamento. O maior rendimento de grãos e palha associado a essas interações de tratamento pode ser atribuído à maior eficiência no controle de ervas daninhas e à melhor expressão dos componentes de rendimento, como número de perfilhos por colina, comprimento da panícula, peso da panícula, número de grãos por panícula e grãos cheios por panícula. Krishnaveni *et al.* (2005) também relataram que duas lavouras seguidas de aplicação pré-plantio de spray roundup CT com aplicação pré-emergente de facão registraram significativamente a menor população de ervas daninhas, peso seco de ervas daninhas e a maior eficiência de controle de ervas daninhas e todos esses caracteres de ervas daninhas favoreceram o crescimento e os atributos de rendimento do arroz e, em última análise, resultaram em maior rendimento de grãos. Considerando que, a alta intensidade de infestação de ervas daninhas que ocorreu desde o início da estação de cultivo, juntamente com a exclusão completa do controle de ervas daninhas, resultou em rendimento completo sob a interação T3W1. Esta constatação está em conformidade com as conclusões de Mishra (2003), que referiu que as infestantes causam uma perda de rendimento de 50-100% no arroz e deterioram a qualidade do produto. Singh *et al.* (2002) também relataram que a redução no rendimento de grãos de arroz pode variar de 5 a 100% devido à infestação de ervas daninhas. Tendências semelhantes às do rendimento de grãos e palha também foram observadas para o índice de colheita, em relação às várias interações de tratamento. Foram registados índices de colheita significativamente mais elevados nas interações de tratamento T1W4 e T1W2, que foram iguais entre si. Isto pode ser atribuído a uma maior partição de matéria seca nos grãos.

5.3   Economia

Custo de cultivo (Rs./ha)

Entre os tratamentos de lavoura, a lavoura de verão duas vezes seguida pela aplicação de glifosato @ 1,0 kg a.i/ha 15 dias após a emergência das ervas daninhas (T1) registrou o maior custo de cultivo, que foi devido à exigência de lavouras de trator junto com os custos químicos associados ao tratamento. A lavoura de verão duas vezes (T2) registou custos de cultivo mais baixos em comparação com o tratamento T1, o que se deve à exclusão da aplicação de herbicidas neste último caso, resultando em custos mais baixos. Por outro lado, a lavoura convencional (T3), associada a operações de lavoura reduzidas, registou o menor custo de cultivo. Entre os tratamentos de manejo de ervas daninhas, a capina manual duas vezes aos 20 e 40 DAS (W2) registrou o maior custo de cultivo, seguido pela enxada de roda duas vezes aos 20 e 40 DAS (W3) e aplicação de butaclor @ 2,0 kg a.i/ha 4 DAS (W4). Isto pode ser atribuído ao facto de que a monda manual exige muito tempo e mão de obra. Estudos realizados para registar o tempo necessário para diferentes métodos de monda revelaram que a monda manual demorou 500 hr ha^{-1} e a monda com enxada demorou 260 hr ha^{-1} (Anónimo, 1976). Sabio e Pastores (1983) também relataram que a aplicação de butacloro levou 186 hr ha^{-1} e a monda manual levou 604 hr ha^{-1}. Devido à exclusão do controlo das ervas daninhas, o custo de cultivo foi registado como sendo o mais baixo para o tratamento de controlo (ervas daninhas) (W1). No geral, a prática de cultivo envolvendo a lavoura de verão duas vezes seguida pela aplicação de glifosato @ 1,0 kg a.i/ha 15 dias com duas capinas manuais aos 20 e 40 DAS, ambos os tratamentos individuais sendo associados a mais insumos, resultaram no maior custo de cultivo, enquanto que a lavoura convencional com tratamento de controle (ervas daninhas), sendo associada a insumos mínimos, registrou o menor custo de cultivo.

Rendimento bruto (Rs./ha)

O maior retorno bruto foi associado a cada um dos tratamentos de manejo de ervas daninhas junto com o tratamento de lavoura lavoura de verão duas vezes seguido pela aplicação de glifosato @ 1,0 kg a.i/ha 15 dias após a emergência de ervas daninhas (T1) e o menor com lavoura convencional (T3). O maior controle de ervas daninhas alcançado inicialmente sob o tratamento do solo T1 aumentou ainda mais a eficiência do controle de ervas daninhas de todos os métodos de gerenciamento de ervas daninhas, levando assim a maiores rendimentos e maiores retornos. Em todos os três tratamentos de lavoura o maior retorno bruto foi obtido com a aplicação de butachlor @ 2.0 kg a.i/ha 4 DAS (W4) seguido de capina manual duas vezes aos 20 e 40 DAS' (W2). Tasic *et al.* (1979) também relataram que, no

Nas Filipinas, a aplicação de butacloro a 2 kg a.i. ha^{-1} foi mais rentável do que a monda manual para controlo das ervas daninhas no arroz de terras altas. Em geral, entre todas as práticas de cultivo testadas, devido aos altos rendimentos associados, o maior retorno bruto foi registado sob a lavoura de verão duas vezes seguida pela aplicação de glifosato @ 1,0 kg a.i/ha 15 dias após a emergência das ervas daninhas, juntamente com a aplicação de butacloro @ 2,0 kg a.i/ha 4 DAS, enquanto que a prática de cultivo envolvendo lavoura convencional juntamente com o tratamento de controlo (ervas daninhas) não registou qualquer retorno bruto devido à perda total de rendimento, como resultado da alta infestação de ervas daninhas.

Rendimento líquido (Rs. /ha)

O rendimento líquido também foi registado como sendo mais elevado para a lavoura de verão duas vezes seguida da aplicação de glifosato @ 1,0 kg/ha 15 dias após a emergência das ervas daninhas (T1) juntamente com a aplicação de butacloro @ 2 kg/ha 4 DAS (W4) seguido da lavoura de verão duas vezes (T2) juntamente com a aplicação de butacloro @ 2 kg a.i/ha 4 DAS (W4) e a lavoura de verão duas vezes seguida da aplicação de glifosato @ 1,0 kg a.i/ha 15 dias após a emergência das ervas daninhas (T1) juntamente com a monda manual duas vezes aos 20 e 40 DAS (W2). Os maiores retornos brutos, que excedem os custos totais de cultivo incorridos, em cada uma dessas práticas de cultivo resultaram em maiores retornos líquidos, como observado. O retorno líquido mais baixo, que estava no lado do déficit, foi registrado sob lavoura convencional (T3) junto com o tratamento de controle (ervas daninhas) (W1), esse balanço negativo não foi exatamente devido ao alto custo de cultivo, mas foi devido à ausência de qualquer retorno bruto do tratamento como resultado da perda completa da colheita devido à infestação de ervas daninhas em toda a estação.

Rácio benefício-custo (BCR)

A maior relação custo-benefício também foi registada no caso da combinação de tratamento T1W4 (lavoura de verão duas vezes seguida pela aplicação de glifosato @ 1,0 kg a.i/ha 15 dias após a emergência das ervas daninhas, juntamente com a aplicação de butacloro @ 2.0 kg /ha 4 DAS) que foi seguido por T2W4 (Lavoura de verão duas vezes' junto com a aplicação de butacloro @ 2 kg a.i/ha 4 DAS) e T1W2 (Lavoura de verão duas vezes seguida pela aplicação de glifosato @ 1,0 kg a.i/ha 15 dias após a emergência das ervas daninhas junto com capina manual duas vezes aos 20 e 40 DAS). A maior relação custo-benefício obtida na combinação de tratamento T1W4 indica uma gestão económica e rentável das ervas daninhas, aumentando consequentemente o rendimento em relação às outras combinações de tratamento e resultando em maiores retornos monetários. A combinação de tratamento T1W2, apesar de registar rendimentos brutos elevados, em comparação com T2W4, registou uma relação custo-benefício inferior à da última combinação de tratamento. Isso se deveu ao alto custo da capina manual, que aumentou consideravelmente o custo do cultivo, resultando em uma menor relação custo-benefício. Moorthy e Mittra (1992) também relataram que o controle químico de ervas daninhas foi observado como altamente lucrativo com uma relação custo-benefício de 3,37 contra 1,85 com a prática de capina manual. Entre todas as práticas de cultivo, a lavoura convencional (T3) junto com o tratamento de controle (ervas daninhas) (W1) resultou na menor relação custo-benefício, sem retorno por rupia investida. Isso foi devido à perda total de rendimento como resultado do manejo ineficaz de ervas daninhas associado ao tratamento.

CAPÍTULO 6
RESUMO E CONCLUSÃO

No presente capítulo, é apresentado um resumo geral e uma conclusão geral do inquérito:

1. Das 25 espécies de ervas daninhas registadas, as ervas daninhas de folha larga, as gramíneas e os juncos compreendiam 16, 8 e 1 espécies, respetivamente. A flora infestante dominante registada no campo experimental foi *Ageratum conyzoides* Linn., *Borreria hispidia* (L.) K Schum, *Melochia corchorifolia* (L.), *Mimosa pudica* (L.), *Scoparia dulcis* (L.), *Cassia tora e Triumfetta rhomboids* (Jacq.) entre as infestantes de folha larga, *Cynodon dactylon* (L) Pers, *Digitaria setigera* Roth., *Setaria pumila* (Poir.) Roem & Schutt. e *Eleusine indica* (Gareth.) entre as gramíneas. Apenas foi registada uma espécie de junça, *Cyperus iria* (L.).

2. Em todos os estágios de observação, o tratamento de lavoura arado de verão duas vezes seguido pela aplicação de glifosato @ 1,0 kg a.i/ha 15 dias após o surgimento das ervas daninhas (T1) foi considerado superior na redução da população de ervas daninhas, bem como no peso seco das ervas daninhas e também registrou a maior eficiência de controle de ervas daninhas. A lavoura de verão duas vezes (T2) também registrou uma população de ervas daninhas significativamente menor e peso seco de ervas daninhas e maior eficiência de controle de ervas daninhas em comparação com a lavoura convencional (T3) sob a qual o crescimento máximo de ervas daninhas foi registrado.

3. Entre os diferentes tratamentos de gestão de ervas daninhas testados, a

densidade de ervas daninhas e o peso seco de ervas daninhas significativamente mais elevados foram constantemente registados no tratamento de controlo (ervas daninhas) (W1). Em todos os estádios de observação, a aplicação de butacloro @ 2,0 kg a.i/ha 4 DAS (W4) foi registou uma densidade de ervas daninhas significativamente mais baixa, bem como o peso seco, em relação aos restantes tratamentos, exceto aos 90 DAS e na colheita, onde se verificou que estava ao mesmo nível que a monda manual duas vezes aos 20 e 40 DAS (W2). A eficiência do controlo das ervas daninhas também foi registada como sendo mais elevada para o tratamento W4 seguido do W2. O crescimento de ervas daninhas foi significativamente menor com a sacha de roda duas vezes aos 20 e 40 DAS (W3) em comparação com o tratamento de controlo (ervas daninhas) (W1).

4. A interação do tratamento de lavoura lavoura de verão duas vezes seguida da aplicação de glifosato @ 1,0 kg/ha 15 dias após a emergência das ervas daninhas (T1) com a aplicação pré-emergência de butacloro @ 2,0 kg a.i/ha 4 DAS (W4) foi encontrada para reduzir eficazmente o crescimento das ervas daninhas, registando assim um peso seco significativamente mais baixo das ervas daninhas, bem como uma maior eficiência de controlo das ervas daninhas.

5. Em todos os estágios de observação o tratamento de lavoura, a lavoura de verão duas vezes seguida pela aplicação de glifosato @ 1,0 kg a.i/ha 15 dias após a emergência de ervas daninhas (T1) registrou significativamente maior altura de planta, peso seco de planta e números de perfilhos seguidos pelo tratamento de lavoura de verão duas vezes (T2) enquanto que, valores mais baixos para todos os três atributos de crescimento de cultura foram registrados para lavoura

convencional (T3).

6. Entre os tratamentos de gestão de ervas daninhas, a aplicação de butacloro @2,0 kg a.i/ha 4 DAS (W4) registou a maior altura de planta, peso seco de planta e número de perfilhos, em todas as fases de observação, exceto aos 90 DAS e na colheita, onde se verificou estar a par com a monda manual duas vezes aos 20 e 40 DAS (W2). A sacha de roda duas vezes aos 20 e 40 DAS (W3) também registou valores significativamente mais elevados para os atributos de crescimento da cultura em comparação com o tratamento de controlo (infestante) (W1) que registou os valores mais baixos para os três atributos de crescimento da cultura.

7. Na colheita, as interações de tratamento T1W4 (lavoura de verão duas vezes seguida da aplicação de glifosato @ 1,0 kg a.i/ha 15 dias após a emergência das ervas daninhas, juntamente com a aplicação de butacloro @ 2,0 kg a.i/ha 4 DAS), T1W2 (lavoura de verão duas vezes seguida da aplicação de glifosato @ 1,0 kg a.i/ha 15 dias após a emergência das ervas daninhas, juntamente com capina manual duas vezes aos 20 e 40 DAS) e T1W3 (aração de verão duas vezes seguida pela aplicação de glifosato @ 1,0 kg a.i/ha 15 dias após a emergência das ervas daninhas, juntamente com enxada de roda duas vezes aos 20 e 40 DAS) foram considerados estatisticamente comparáveis entre si e registaram valores mais elevados para a altura da planta e número de perfilhos sobre o resto das interações de tratamento.

8. O tratamento de lavoura lavoura de verão duas vezes seguido pela aplicação de glifosato @1.0 kg a.i/ha 15 dias após a emergência de ervas daninhas (T1) foi encontrado para registrar componentes de rendimento

significativamente superiores viz., número de panículas por m^2, comprimento de panícula, peso de panícula, número de grãos cheios por panícula e peso de 1000 grãos finalmente o maior rendimento de grão e palha também foi registrado do tratamento de lavoura T1. A lavoura de verão duas vezes (T2) também registou um rendimento e atributos de rendimento significativamente mais elevados em comparação com a lavoura convencional (T3), que registou os valores mais baixos para o rendimento e atributos de rendimento da cultura.

9. Os tratamentos de gestão de ervas daninhas butachlor @ 2 kg a.i/ha 4 DAS (W4) e monda manual duas vezes aos 20 e 40 DAS (W2) foram iguais entre si e registaram atributos de rendimento significativamente superiores, bem como rendimentos de grãos e palha mais elevados em comparação com o resto dos tratamentos de gestão de ervas daninhas, enquanto que a sacha de roda duas vezes aos 20 e 40 DAS também foi encontrada para registar rendimentos de grãos e palha significativamente mais elevados em comparação com o tratamento de controlo (ervas daninhas) (W1) que registou o menor rendimento de grãos e palha de arroz.

10. As interações de tratamento T1W4 (lavoura de verão duas vezes seguida de aplicação de glifosato @ 1,0 kg a.i/ha 15 dias após a emergência das ervas daninhas com aplicação de butacloro @ 2 kg a.i/ha 4 DAS) e T1W2 (lavoura de verão duas vezes seguida de aplicação de glifosato @ 1,0 kg a.i/ha 15 dias após a emergência das ervas daninhas com monda manual duas vezes aos 20 e 40 DA) foram iguais entre si e registaram atributos de rendimento, rendimento de grão e palha significativamente superiores em relação às restantes interações de tratamento.

11. Os dias até 50 por cento de floração e maturidade não registaram qualquer variação significativa em resposta aos diferentes tratamentos de lavoura e de gestão de ervas daninhas e suas interações.

12. A prática de cultivo que envolve a lavoura de verão duas vezes seguida da aplicação de glifosato @ 1,0 kg a.i/ha 15 dias após a emergência das ervas daninhas (T1), juntamente com a monda manual duas vezes aos 20 e 40 DAS (W2), incorreu no maior custo de cultivo, enquanto que o menor custo de cultivo foi incorrido enquanto que o menor custo de cultivo foi incorrido sob lavoura convencional (T2) com tratamento de controlo (ervas daninhas)

(W1). No entanto, o maior retorno bruto, bem como o retorno líquido e a relação custo-benefício foram registrados pela prática de cultivo envolvendo a lavoura de verão duas vezes seguida pela aplicação de glifosato @ 1,0 kg a.i/ha 15 dias após a emergência das ervas daninhas (T1) com aplicação pré-emergente de butaclor @ 2,0 kg a.i/ha 4 DAS (W4), que foi seguida pela prática de cultivo T2W4 (lavoura de verão duas vezes com aplicação pré-emergente de butaclor @ 2,0 kg a.i/ha 4 DAS). Enquanto que a prática de cultivo T3W1 (lavoura convencional com tratamento de controlo (infestante)) registou o menor retorno bruto, retorno líquido, bem como a relação custo-benefício.

Dos resultados do presente inquérito, podem ser extraídas as seguintes sugestões e conclusões:

13. A lavoura de verão duas vezes seguida da aplicação de glifosato @ 1,0 kg a.i/ha 15 dias após a emergência das ervas daninhas pode ser uma prática de lavoura recomendada para reduzir o crescimento das ervas daninhas, bem como melhorar o crescimento e o rendimento das

culturas de arroz de terras altas semeado diretamente. A prática de lavoura da lavoura de verão duas vezes também pode efetivamente reduzir o crescimento de ervas daninhas, bem como melhorar o crescimento da cultura e o rendimento em comparação com as práticas convencionais de lavoura.

14. A aplicação de butacloro @ 2,0 kg a.i/ha 4 DAS pode controlar eficazmente e reduzir o crescimento de ervas daninhas em arroz de terras altas com sementeira direta. Em áreas com disponibilidade adequada de mão de obra manual, a monda manual duas vezes aos 20 e 40 DAS também pode ser considerada para o controlo eficaz de ervas daninhas em arroz de terras altas de sementeira direta, mas com retornos económicos marginalmente reduzidos em comparação com a aplicação de butacloro.

15. A prática de cultivo que envolve a lavoura de verão duas vezes seguida da aplicação pré-plantação de glifosato @ 1,0 kg a.i/ha 15 dias após a emergência das ervas daninhas com a aplicação do herbicida pré-emergente butacloro @ 2,0 kg a.i/ha 4 DAS pode ser recomendada para um controlo eficaz das ervas daninhas e para melhorar o crescimento e o rendimento do arroz de terras altas de sementeira direta. Além disso, a prática de cultivo que envolve a lavoura de verão duas vezes com a aplicação de herbicida de pré-emergência butachlor @ 2,0 kg a.i/ha 4 DAS pode ser considerada para um controlo eficaz das ervas daninhas, bem como para um melhor crescimento e rendimento das culturas.

16. A prática de cultivo que envolve a lavoura de verão duas vezes seguida da aplicação de glifosato @ 1,0 kg a.i/ha 15 dias após a emergência das ervas daninhas com aplicação pré-emergente de butacloro @ 2,0 kg

a.i/ha 4 DAS pode ser recomendada para a máxima viabilidade económica no cultivo de arroz de sementeira direta com garantia de elevados retornos brutos, retornos líquidos, bem como relação custo-benefício. A prática de cultivo de lavoura de verão duas vezes com aplicação de herbicida de pré-emergência butachlor @ 2,0 kg a.i/ha 4 DAS também pode ser considerada para o cultivo de arroz de sementeira direta em termos de viabilidade económica e retornos.

A partir dos resultados desta investigação, pode concluir-se que a lavoura de verão duas vezes seguida da aplicação de glifosato @ 1,0 kg a.i/ha 15 dias após a emergência das ervas daninhas com a aplicação pré-emergente de butacloro @ 2,0 kg a.i/ha 4 DAS foi considerada a prática de cultivo mais eficaz e economicamente viável, registando um crescimento reduzido das ervas daninhas, bem como um melhor crescimento e rendimento das culturas de arroz de terras altas de sementeira direta.

BIBLIOGRAFIA

Anónimo. 1976. Mecanização da produção de arroz: Índia-Nigéria-Senegal, um projeto internacional de investigação coordenada: 1970-1976, p. 152. Roma.

Anónimo. 1977. Relatório anual de 1976. Instituto Internacional de Investigação do Arroz, Los Banos, Filipinas.

Anónimo. 1981. Improved Agronomic Practices for dryland crops in India, p. 93. All India Co-ordinated Research Project for Dryland Agriculture, Hyderabad.

Anónimo. 1984. Destaques da investigação para 1983. Instituto Internacional de Investigação do Arroz Los Banos, Filipinas.

Anónimo. 1996. (In) Relatório anual para 1995. Associação para o Desenvolvimento do Arroz na África Ocidental, Bouake, Costa do Marfim.

Anónimo. 2013. Anuário Estatístico da FAO. Organização das Nações Unidas para a Alimentação e a Agricultura, Roma.

Anónimo. 2014. Manual estatístico de Nagaland. Direção de Economia e Estatística, Governo de Nagaland, Kohima.

Anónimo. 2015a. (In) Relatório anual. Departamento de Agricultura e Cooperação, Ministério da Agricultura, Governo da Índia.

Anónimo. 2015b. Estatísticas básicas da região nordeste. Governo da Índia, Secretariado do Conselho do Nordeste, Shillong.

Angadi, V.V., Babalad, H.B., Umapathy, P.N., Radder, G.P e Nadaf, S.K. 1991. Controlo de ervas daninhas em campos de arroz de terras altas de Karnataka. *IRRI Newsletter* **18**: 50-51.

Antigua, G., Colon, C e Perez, M. 1988. Capacidade de competição de ervas daninhas em arroz de terras altas 'IR 1529', utilizando diferentes distâncias entre linhas, monda manual, aplicação de herbicida ou sem controlo de ervas daninhas. *Ciencia y Tecnica en la Agricultura*

Arroz **11**: 35-42.

Akobundu, I.O. 1987. Weed Science in the tropics: Principles and practices, John Wiley and Sons, Nova Iorque, p. 522.

Bajpal, R.P., Bisen, C.R e Tomar, S.S. 1980. Controlo de ervas daninhas em arroz de terras altas semeado. *Indian Journal of Weed Science* **24**: 69-71.

Bajpai, R.P e Singh, V.K. 1992. Gestão de infestantes em arroz de terras altas de sementeira direta (*Oryza sativa*). *Indian Journal of Agronomy* **37**: 705709.

Balusamy, K e Pothiraj, P. 1989. Controlo químico de *Echinochloa* em arroz transplantado. *Pesticidas* **23**: 31-35.

Bayan, H.C., Kandasamy, O.S e Lourduraj, A.C. 1999. Efeito da lavoura na infestação de ervas daninhas e no manejo de ervas daninhas no ecossistema de arroz de terras baixas - uma revisão. *Agricultural Reviews-Karnal* **20**: 169-177.

Behera, V.K e Jena, K.P. 1992. Technology for improving and stabilizing rice yields in drought prone regions of Kalahandi. *Indian farming* **42**: 9-13.

Behera, A.K e Jena, S.N. 1994. Controlo de infestantes em arroz de sequeiro de sementeira direta. *Indian Journal of Agronomy* **43**: 284-290.

Bhagat, R.M., Bhuiyan, S.I e Moody, K. 1996. Interações entre a água, a lavoura e as ervas daninhas no arroz tropical de planície. *Agricultural Water Management.* **31**: 165-184.

Bhan, V.M e Tilak, K.V.B. 1964. Tendência recente em estudos de lavoura. *Allahabad Farmer* **38**: 45-48.

Bhan, V.M., Bhagwan, S e Balyan, R.S. 1985. Tempo de remoção de ervas daninhas em
arroz de terras altas semeado em Haryana. *Indian Journal of Weed Science* **17**: 28-33.

Bharat Bhushan Rao, C.H., Modh, I e Murthy, R. 2000. Influência da época de plantação no rendimento de grãos de arroz perfumado. *Crop Research* **20**: 179-181.

Baloch, M.S. 1994. Avaliação de densidades de sementeira e aplicação de herbicidas para controlo indireto de ervas daninhas de largo espetro em arroz de sementeira húmida. Tese de Mestrado, Universidade de Gomal, Dera Ismail Khan.

Borgonain, M e Upadhaya, L.P. 1976. Eficiência de Butachlor, propanil e 2,4-D no controlo de ervas daninhas em arroz de terras altas. *Indian Journal of Weed Science* **12**: 145-150.

Borthakur, D.N. 1997. Rice farming in hills area of North East India (Cultivo de arroz nas colinas do Nordeste da Índia). Souvenir da celebração do Jubileu de Platina, pp. 18-20. R.A.R.S., Titabar.

Bray, R.H e Kurtz, L.T. 1945. Determinação das formas orgânicas totais e disponíveis de fósforo nos solos. *Soil Science* **59**: 39-45.

Buhler, D.D., Gunsolus, J.L e Ralston, D.F. 1992. Técnicas integradas de manejo de ervas daninhas para reduzir o uso de herbicidas na soja. *Agronomy Journal* **84**: 973-978.

Buddenhagen, I.W e Bidaux, J.M. 1978. Parasita da raiz de Striga - um problema no ambiente da savana africana. *Boletim Internacional do Arroz* **3**: 22.

Bukhari, S.B., Miran e Baloch, J.M. 1989. Manipulação do solo com alfaias de lavoura. *Agricultural Mechanization in Asia, Africa and Latin America* **20**: 17-19.

Cardinal, J., Regnier, E e Harrison, K. 1991. Efeitos da lavoura a longo prazo no banco de sementes em três solos de Ohio. *Ciência das ervas daninhas* **39**: 186-194.

Choudhury, G.K. 1989. Manejo integrado de ervas daninhas em sistema de cultivo baseado em arroz. Tese de doutoramento, TNAU,

Coimbatore, pp. 56-347.

Chandrakar, B.L., Chandra Vanshi, B.R e Das, G.K. 1987. Eficiência das medidas de controlo de ervas daninhas em diferentes métodos de sementeira direta de arroz. *Indian Journal of Weed Science* **19**: 107-110.

Chhokar, R.S., Sharma, R.K., Gathala, M.K., Pundis, A.K e Kumar, V. 2005. Cultive trigo de plantio direto para obter mais lucro. *Intensive Agriculture*, Nov - Dec, 2005, pp. 8-11.

Clarete, C.L e Mabbayad, B.B. 1978. Efeitos da fertilização, espaçamento entre linhas e controlo de ervas daninhas no rendimento do arroz de terras altas. *Philippines Journal of Crop Science* **3**: 200-202.

Clements, D.R., Benoit, D.l e Swanton, C.J. 1996. Efeitos da lavoura no retorno das sementes de ervas daninhas e na composição do banco de sementes. *Weed Science* **44**: 314-322.

Cochran, W.G e Cox, G.M. 1962. Experimental Design. John Wiley and Sons Inc. Nova Iorque. U.S.A.

Curfs, H.P.F. 1975. Preparação do solo e controlo de ervas daninhas para a cultura do arroz de sequeiro e irrigado. *In: Instituto Internacional de Agricultura Tropical. Report on the expert consultation meeting on the mechanisation of rice production*, pp. 79-86. Ibadan, Nigéria.

Dahama, A.K., Bhagat, S.K e Singh, H. 1992. Gestão de infestantes em arroz de terras altas de sementeira direta (*Oryza sativa*). *Indian Journal of Agronomy* **37**: 705-709.

Dass, A., Sudhishni, S e Maharana, J. R. 2004. Agronomical measures for soil and water conservation in Arable land. *Indian Farmer's Digest* **37**: 27.

De Datta, S.K. 1977. Controlo de infestantes no arroz no Sudeste Asiático - Métodos e tendências. *Boletim da Ciência das Plantas Daninhas das Filipinas* **4**: 39-65.

De Datta, S.K. 1981. Principles and Practices of Rice Production. John Wiley and Sons, Nova Iorque, p. 618.

Deomompa, N.R. e Barker, R. 1969. A altura ideal para a monda e o nível de aplicação de azoto no arroz. *Philippines Agriculture* **53**: 116.

Dixit, R.S e Singh, A.M. 1981. Estudos sobre diferentes medidas de controlo de ervas daninhas em arroz de sequeiro de terra firme com sementeira direta. *International Rice Commission Newsletter* **30**: 38-42.

Elias, R.S. 1969. Produção de arroz e lavoura mínima. *Outlook in Agriculture* **6**: 67-70.

Fagade, S.O. 1976. Avaliação de métodos químicos e mecânicos de controlo de infestantes na cultura do arroz de terras altas. *International Rice Commission Newsletter* **25**: 44-45.

Fageria, N.K e Baligar, V.C. 2003. Arroz de terras altas e alelopatia. *Communications In Soil Science and Plant Analysis* **34**: 1311-1329.

Frick, B e Thomas, A.G. 1992. Levantamento de ervas daninhas em diferentes sistemas de lavoura em culturas de campo no sudoeste de Ontaria. *Canadian Journal of Plant Science* **72**: 1337-1347.

Ghosh, B.C., Sharma, H.C. e Singh, M. 1977. Métodos e tempo de controlo de ervas daninhas em arroz de terras altas. *Indian Journal of Weed Science* **9**: 43-48.

Ghosh, A.B., Bajaj, T.C., Hasan, R e Singh, D. 1983. *Soil and water testing method*. IARI, Nova Deli.

Ghosh, A e Moorthy, B.T.S. 1998. A gestão das ervas daninhas merece mais atenção na cultura do arroz de terras baixas de sequeiro. *Indian Farming* **48**: 15-18.

Ghosh, A. 2001. Manual weeding vis-a-vis chemical method of weed control on growth and yield dynamics of dry season rice. Instituto Central de Investigação do Arroz, Cuttak 753006, Orissa, Índia.

Gopal Naidu, N e Bhan, V.M. 1975. Efeito de diferentes grupos de ervas daninhas e períodos de manutenção sem ervas daninhas no rendimento de grãos de arroz semeado. *Indian Jouranl of Weed Science* **12**: 151-157.

Gupta, P.C. e O' Toole, J.C. 1986. *Upland Rice A Global Prespective*, pp. 235-292. IRRI, Los Banos, Filipinas.

Gupta, O.P. 2002. *Gestão moderna de ervas daninhas*. Agrobios, Agro House, Jodhpur, pp. 371-379.

Hazarika, A. 1983. Effect of row spacing and weed control measures on growth and yield of rainfed direct seeded upland rice. Tese de Mestrado (Agri.), Universidade Agrícola de Assam, Jorhat.

Henry, S. 1995. A energia dos sistemas de cultivo: Um estudo de duas rotações de culturas utilizando métodos de produção convencionais e de lavoura zero. Relatório preparado para o curso avançado de produção de culturas. Departamento de Ciências Vegetais, Universidade de Manitoba, Winnipeg, MB, R3T 2N2, 1995.

Hooda, I.S. 2002. Gestão de ervas daninhas no arroz biológico. (In) *1ª Conferência Internacional RDA/ARNOA "Development of Basic Standard for Organic Rice Cultivation"*, 12-15 de novembro. RDA e Universidade de Dankook, Coreia.

Horowitz, M. 1972. Crescimento, formação de tubérculos e propagação de *Cyperus rotundus* L. a partir de tubérculos individuais. *Weed Research* **12**: 348-363.

Jackson, M.L. 1967. *Soil chemical analysis*. Pantice Hall of India Pvt. Ltd., Nova Deli. p. 31.

Jordan, D.L., York, A.C., Griffin, J.L., Clay, P.A., Vidrine, P.R e Reynolds, D.B. 1997. Influência das variáveis de aplicação na eficácia do glifosato. *Weed Technology* **11**: 354-362.

Joseph, P., Yenish, Jery, D.D e Douglas, D.B. 1992. Efeitos da lavoura na distribuição vertical e viabilidade de sementes de ervas daninhas no solo. *Ciência das ervas daninhas* **40**: 429-433.

Kalia, B.D e Bindra, A.D. 1996. Manejo de ervas daninhas para arroz semeado diretamente em condições de terras altas de sequeiro. *Indian Journal of Weed Science* **28**: 150-155.

Kehinde, J.K. 1984. Controlo pré-emergente de ervas daninhas em arroz de terras altas. *International Rice Commission Newsletter* **7**: 31-32.

Krishnaveni, A.S., Palenamy, A e Mahendran, S. 2005. Efeito da lavoura de verão com herbicidas de pré-plantação e pré-emergência na cultura do arroz. *Crop Research* **29**: 375-378.

Kumar, V., Bano, O.P.S e Rajput, P.R. 1998. Weed managemnt in rice. *Indian Farmer's Digest* **31**: 31-34.

Lawson, G. 2004. Who knows wheel hoes? (ou multum in parvo). *Landwards* **59**: 8-9.

Lakshmanon, A.R., Panneerselvam e Kathiersam, R.M. 1984. Controlo químico de ervas daninhas em arroz transplantado IR-50. In: *Conferência Anual da Sociedade Indiana de Ciência das Ervas Daninhas*, realizada em 4-5 de abril, Resumos de papers, p. 4.

Longchar, T.S. 2000. Efeito dos métodos de sementeira e das medidas de controlo de ervas daninhas no crescimento e rendimento do arroz de sequeiro de sementeira direta (*Oryza sativa* L.). Tese de Mestrado (Ag), NU, SASRD, Medziphema, Nagaland.

Lopez, L.M., De Datta, S.K e Mabbajad, B.B. 1980. Métodos integrados de controlo de ervas daninhas em arroz de terras altas (*Oryza sativa* L.). *Philippines Journal of Weed Science* **7**: 45-56.

Maclean, J.L, Dawe, D.C, Hardy, B e Hettel, G.P. 2002. *Rice Almanac*, pp 253. Wallingford, Oxon: CABI Publishing.

Mirza, H., Kamrun, N e Md. Rezaul, K. 2007. Eficácia de diferentes métodos de controlo de infestantes no desempenho do arroz transplantado.

Jornal paquistanês de investigação científica sobre ervas daninhas **13**: 17-25.

Mishra, G.N. 2003. Ervas daninhas e seu manejo em arroz de terras altas. *Indian Farming* **53**: 18-21.

Mohler, C.L. e Galford, A.E. 1997. Emergência de plântulas de ervas daninhas e sobrevivência de sementes: separando os efeitos da posição da semente e da modificação do solo pela lavoura. *Weed Research* **37**: 147-155.

Mutanal, S.M., Prabhakar, A.S., Kumar, P., Mannikeri, T.M e Joshi, V.R. 1988. Controlo químico de ervas daninhas em arroz semeado com broca no distrito de Maland, Karnataka. *Oryza* **34**: 59-62.

Moody, K. 1975. Sistema de controlo de infestantes para a produção de arroz de terras altas. In: *Reports on the expert consultation meeting on the mechanization of rice production*, IIIA, 10-14 Jun, 1974, pp. 71-78. Ibadan, Nigéria.

Moody, K e Mian, A.L. 1979. In: Rainfed lowland rice: Selected papers for IRRI Conference, 17-21 April, 1978, pp. 235-245. IRRI, Los Banos, Filipinas.

Moody, K e Mukhopdhyay, S.K. 1982. In: *Rice Research Strategies for the future*, pp. 147-158. IRRI, Los Banos, Filipinas.

Moorthy, B.T.S e Mahha, G.B. 1989. Avaliação de certos herbicidas de pré-emergência quanto à sua eficácia no controlo de infestantes em arroz de terras altas. *Sci. and Cult.* **55**: 176-178.

Moorthy, B.T.S. 1990. Influência da cultura mista e de outros métodos culturais e químicos de controlo de infestantes na produtividade do arroz de terras altas. *Oryza* **27**: 451-455.

Moorthy, B.T.S. e Das, F.C. 1992. Avaliação do desempenho de dois sachadores operados manualmente em arroz de terras altas. *Orissa Journal of Agricultural Research* **5**: 36-41.

Moorthy, B.T.S e Mishra, J.S. 2004. Rice Ecosystem problems and their management (Problemas do ecossistema do arroz e sua gestão). *Indian Farming* **44**: 39-45.

Naidu, N.G e Bhan, V.M. 1980. Efeito de diferentes grupos de ervas daninhas e períodos de manutenção sem ervas daninhas no rendimento de grãos de arroz semeado. *Indian Journal of Weed Science* **12**: 151-157.

Neog, N.C. 1982. A study on the effect of weed control methods on growth and yield of rainfed upland rice (*Oryza sativa* L.) M.Sc. Thesis, Dptt. of Agronomy, AAU, Jorhat.

Palaniswamy, K.M. e Kumara Kutty, K. 1990. Efeito da altura do perfilho e da duração da floração no comprimento da panícula em três variedades de arroz. *Oryza* **27**: 433-435.

Pandey, J., Singh, R.P e Shukla, K. 1991. Study on the chemical weed control in upland Rice. *Indian Journal of Weed Science* **23**: 7-9.

Pandey, T.D e Swarnkar, A.K. 1994. Controlo de ervas daninhas em arroz de terras altas com sementeira direta. *Oryza* **34**: 334-336.

Patel, S.R., Lal, N. e Thakur, D.S. 1997. Gestão integrada de ervas daninhas em arroz de sementeira direta (*Oryza sativa* L.) em condições de sequeiro. In: *Simpósio Internacional sobre estratégia de produção de arroz de sequeiro para o século xxi, 25 - 27* de novembro, p. 97. AAU, Jorhat.

Phoghat, B.S. e Pandey, J. 1998. Effect of water region and weed control on weed flora and yield of transplanted rice (*Oyza sativa*). *Indian Journal of Agronomy* **43**: 77-81.

Pillai, K.G. 1977. Integrated weed management in rice. *Indian Farming* (edição especial sobre gestão integrada de infestantes) **26**: 17-23.

Rao, V.S. 1983. *Principles of weed science*. Oxford e IBH Publishing Co., Nova Deli, pp. 225-540.

Rathore, P.S. 2001. *Techniques & Management of Field Crop Production*, Agrobios, Índia, p. 12.

Reddy, M.D e Manjulatha, G. 1998. Resposta do arroz híbrido a diferentes níveis de azoto e gestão de infestantes. *Indian Journal of Weed Science* **30**: 81-83.

Reynolds, E.B. 1984. Investigação sobre a produção de arroz no Texas. *Texas Agric. Exp. Bull.* **775**: 29.

Roberts, H.A. e Neilson, J.E. 1981. Changes in the soil seed bank of four long-term crop/herbicide experiments. *Journal of Applied Ecology.* 18: 661-668.

Roy, D.K e Mishra, S.S. 1993. Efect of weed management in direct- seeded, upland rice (*Oryza sativa*) at varying nitrogen levels. *Indian Journal of Agronomy* **44**: 105-108.

Sabio, E.A. e Pastores, R.M. 1983. Fornecimento de tecnologia de controlo de ervas daninhas a produtores de arroz de terras altas. *Rural Reconstruction* Reviews 3: 13-15.

Saha, G.P e Shrivastava, V.C. 1992. Controlo químico de ervas daninhas em arroz de sequeiro. *Oryza* (1992): 77-78.

Saha, S., Dahi, R.C., Patra, B.C e Moossuy, B.T.S. 2003. Performance of different weed management techniques under rainfed upland rice (*Oryza sativa*) production system. *Oryza* **42**: 287-289.

Sankaran, S., Jayakumar, R e Kempuchetty, N. 1993. Resíduos de herbicidas. Gandhi Book House, Coimbatore, pp. 96-97.

Sarmah, P.C. 1984. Estudos sobre a competição de plantas daninhas em arroz de terras altas de sequeiro. Tese de Mestrado, Departamento de Agronomia, ΛΛU. Jorhat.

Sathyamoorthy, N.K., Mahendran, S., Babu, R e Ragavan, T. 2004. Efeito das práticas integradas de gestão de ervas daninhas no peso seco total das ervas daninhas, remoção de nutrientes das ervas daninhas no sistema húmido arroz-arroz. *Jornal de Agronomia* **3**: 263-267.

Sharma, H.C. e Krisnamohan. 1985. In: *Efficient management of Dryland Crops*, pp. 19-13. Central Res. Inst. Dryland Agril. Hyderabad, Índia.

Shave, P.A e Avav, T. 2001. In: *Economics of weed management in Late-planted, minimum-tillage rice in Benue State*. Departamento de produção vegetal, Universidade de Agricultura, PMB 2373, Makundi, Estado de Benue, Nigéria.

Shea, P.J. 1985. Detoxificação de resíduos de herbicidas no solo. *Weed Science* **33**: 33-41.

Shivamadiah, N.C., Ramegowda, e Bommegowda, A. 1984. Estudos sobre a gestão integrada de ervas daninhas em arroz semeado com broca. *Investigação atual* **16**: 51-52.

Singh, G e Chauhan, R.S. 1978. Manejo de ervas daninhas em arroz de terras altas. *Indian Journal of Weed Science* **10**: 83-86.

Singh, S.P e Mani, V.S. 1981. Gestão das culturas para enfrentar os novos desafios. In: *Proc. Indian Soc. Agron., Nat. Symp*, 14-16 de março, pp. 62 - 67. Hissar.

Singh, G. 1981. Utilização de weedicidas nas culturas. *Indian farmers Digest* **14**: 1922.

Singh, S.P e Puran, R. 1982. Controlo de ervas daninhas em arroz de terras altas semeado diretamente sob diferentes sistemas de lavoura. *Indian Journal of Weed Science* **18**: 79-84.

Singh, R.P e Singh, V.P. 1985. Estudo comparativo de thiobencarb na absorção de N de arroz de terras altas com sementeira direta. In: *Conf. Anual. Sociedade Indiana de Ciência das Plantas Daninhas, resumos,* 6-7 de março, pp. 11-12. Anand, Gujarat, Índia.

Singh, G e Kumar, V. 1988. Oxadiason, Pretilachlor e Diperophos para o controlo de ervas daninhas em arroz de terras altas. In: *Biennial*

Conf. Sociedade Indiana de Ciência das Ervas Daninhas, Resumo de Trabalhos. Jorhat.

Singh, B. 1988. Effect of weed control methods on performance of Rice variety under upland rainfed condition of Nagaland. *Indian Journal of Weed Science* **20**: 51-54.

Singh, K.N. e Bhattacharya. 1989. *Arroz de sementeira direta: Principles and practices.* Oxford e IBH Publishing Co. Pvt. Ltd., Nova Deli, pp. 46-96.

Singh, H.P., Malik, N e Jaiswal, L. M. 1989. Technology for rainfed upland rice. *Indian Farming* **39**: 15-19.

Singh, P e Prakash, V. 1990. Estudos de controlo de ervas daninhas em arroz de sequeiro. *Indian Journal of Weed Science* **22**: 42-45.

Singh, S.P. 1990. Controlo de ervas daninhas em arroz de sequeiro. *Indian Journal of Weed Science* **25**: 61-64.

Singh, N.P. 1997. Flora de ervas daninhas de Medziphema - Um levantamento ecológico de campos de arroz Jhum. In: *Simpósio internacional de estratégia de produção de arroz de sequeiro para o século [XXI]*, 25-27 de novembro, p. 95. AAU, Jorhat.

Singh, R., Mukhopadhyay, S.K e Patel, C.S. 1998. Economic evaluation of integrated weed management practices in upland Rice. . *Indian Journal of Weed Science* **30**: 79-80.

Singh, G., Singh, R.K., Singh, V.P., Singh, B.B e Nafak, R. 1999. Effect of crop weed competition on yield and nutrient uptake by direct seeded rice (*Oryza sativa* L.) in rainfed, lowland situation. *Indian Journal of Agronomy* **44**: 722 -727.

Singh, R.K e Namdeo, K.N. 2000. Effect of fertility levels and herbicides on grown, yield and nutrient uptake of direct seeded rice (*Oryza sativa*). *Indian Journal of Agronomy* **49**: 34-36.

Singh, S.S., Gupta, P e Gupta, A.K. 2000. *Handbook of Agriculture Science.*

Kalyani Publishers, Nova Deli, p. 22.

Singh, N.P. 2001. Manejo integrado de ervas daninhas no arroz. *Indian Farmer's Digest 38:* 9-10.

Singh, R., Singh, M.K e Kumar, S. 2002. Manejo de ervas daninhas no arroz. *Indian farmer's Digest* **35**: 5-12.

Singh, V.P., Singh, G., Singh, R.K., Singh, S.P., Kumar, A., Sharma, G., Singh, M.K., Mortines, M e Johnson, D.E. 2005. Effect of weed Management and Crop Establishment Methods on weed Dynamics and Grain yield of Rice (Efeito da gestão das infestantes e dos métodos de estabelecimento das culturas na dinâmica das infestantes e no rendimento de grãos do arroz). *Indian Journal of Weed Science* **37**: 188192.

Sinha, M.K e Banerjee, S.P. 1987. Path analysis of yield components in rice. *Kasetsart Journal of Natural Sciences* **21**: 86-92.

Subbiah, B.V e Asija, G.I. 1956. Um procedimento rápido para a estimativa do azoto disponível nos solos. *Ciência Atual* **25**: 259-260.

Tasic, R.C., Sabordo, M.P e Balairos, J.B. 1979. O efeito de várias práticas de controlo de ervas daninhas no rendimento do arroz de terras altas (*Oryza sativa* L.). *Philippines Journal of Weed Science* **7**: 76-79.

Thakur, C. 1997. *Ciência das ervas daninhas*. Metropolitan book Co. Pvt. Ltd. 17, Netaji Subash Marg, Nova Deli, p. 67.

Thakur, P.R., Sharma, J e Singh C.M. 1993. Controlo herbicida do percevejo-roxo (*Cyperus rotundus* L.). *Indian Journal of Weed Science* **25**: 22-26.

Tewari, A.N e Singh, R. P. 1991. Estudos sobre o controlo de *Cyperus rotundus* através de tratamentos de verão no sistema de cultivo milho-batata. *Indian Journal of Weed Science* **23**: 6-12.

Upadhyay, U.C e Choudhary, B.C. 1979. Efeito de diferentes métodos de controlo de ervas daninhas no crescimento e rendimento do arroz em condições de terras altas. In: *Actas da [7ª] conferência da Sociedade Científica de Ervas Daninhas da Ásia-Pacífico*, 26-30 de novembro de 1979, pp. 239-291. Sydney, Austrália.

Vaishya, R.D., Singh, U.K e Saxena, A. 1988. Controlo mecânico e químico de ervas daninhas em arroz de terras altas com sementeira direta. *Indian Journal of Weed Science* **24**: 11-16.

Vijayabaskaran, S. 1992. Gestão integrada de ervas daninhas no sistema de cultivo de algodão transplantado. Tese de Mestrado (Agri.), Universidade de Annamalai, Annamalainagar.

Wrucke, M.A e Arnold, W.E. 1985. Distribuição de espécies de ervas daninhas como influenciada por lavoura e herbicidas. *Ciência das ervas daninhas* **33**: 853-856.

Yadav, A., Balyan, R.S., Singh, S., Malik, R.K., Punia, S.S., Malik, R.S., Banga, R.S e Pahwa, S.K. 2001. Comparação de diferentes formulações de glifosato para o controlo geral de ervas daninhas em situações não agrícolas. *Indian Journal of Ecology.* **32**: 4-6.

Young. 1978. IRRI. Relatório anual de 1977. Las Banos, Filipinas, p. 548.

Reddy, T.Y. e Reddi, G.H.S. 2002. Principles of Agronomy. Kalyani Publishers, Nova Deli, pp. 171-172.

Zimdhal, R.L. 1980. Competição entre culturas de ervas daninhas. In: *A review of international plant protection centre*. Universidade do Estado do Oregon. Corvallis, Orgeon, EUA, p. 52.

APÊNDICE - I

Análise de variância para a densidade das infestantes

Source of variation	d.f	Mean squares			
		Weed density (No./m^2)			
		30 DAS	60 DAS	90 DAS	Harvest
Replication	2	395.11	5124.33	5362.11	3423.58
Tillage (T)	2	6008.86*	68102.33*	65121.77*	140689.00*
Error A	4	396.11	4182.41	4083.94	5715.83
Weeding (W)	3	15708.88*	118335.18	94732.76*	362752.51
T x W	6	804.75*	8216.18	6753.85	2457.29
Error B	18	259.85	5307.90	5282.62	2382.78
Total	35	23546.57	209268.36	181337.80	517421.01

*Significant at 5 per cent probability level

APÊNDICE - II

Análises de variância para o peso seco das ervas daninhas e a eficiência do controlo das ervas daninhas

Source of variation	d.f.	Mean squares				WCE (%)
		Weed dry weight (g/m^2)				
		30 DAS	60 DAS	90 DAS	Harvest	
Replication	2	250.70	719.40	1184.54	2991.91	6.19
Tillage (T)	2	31749.78*	13254.08	219885.06*	340233.03*	376.89*
Error A	4	149.18	558.62	1936.52	1656.14	2.00
Weeding (W)	3	144053.18*	471582.04*	711603.98*	3108762.11*	8437.70*
T x W	6	893.94*	5694.67*	5066.42*	14423.95*	47.64*
Error B	18	105.97	18227.99	1782.75	3786.56	3.79
Total	35	177202.68	612928.83	941459.29	3471853.73	8874.24

*Significant at 5 per cent probability level

APÊNDICE - III

Análise de variância para a altura das plantas

Source of variation	d.f	Mean squares			
		Plant height (cm)			
		30 DAS	60 DAS	90 DAS	Harvest
Replication	2	7.05	4.86	10.84	17.72
Tillage (T)	2	42.09*	262.80*	385.93	3947.95*
Error A	4	2.62	3.41	21.18	20.08
Weeding (W)	3	47.16*	316.70*	1663.22*	8034.1*
T x W	6	3.14	95.37*	98.09*	1861.96
Error B	18	4.71	1.78	17.70	15.96
Total	35	106.81	684.94	2196.98	13897.87

*Significant at 5 per cent probability level

APÊNDICE - IV

Análise de variância para o número de perfilhos

Source of variation	d.f	Mean squares			
		Tillers per hill (No.)			
		30 DAS	60 DAS	90 DAS	Harvest
Replication	2	0.06	0.73	0.82	1.36
Tillage (T)	2	7.02*	7.42*	23.64*	27.34*
Error A	4	0.14	0.13	0.96	1.54
Weeding (W)	3	11.53*	11.01*	77.53*	147.01*
T x W	6	0.62	0.52	0.55	7.14*
Error B	18	0.43	0.45	1.13	1.03
Total	35	20.36	20.28	104.65	185.44

*Significant at 5 per cent probability level

APÊNDICE - V

Análise de variância para peso seco da planta

Sources of variation	d.f	Mean squares			
		Plant dry weight (g/m^2)			
		30 DAS	60 DAS	90 DAS	Harvest
Replication	2	25.97	1676.95	15.65	499.62
Tillage (T)	2	166.72*	5282.04*	95558.28*	148594.10*
Error A	4	9.64	297.42	5542.25	6416.97
Weeding (W)	3	45213*	39518.83*	495912.93*	651823.85*
T x W	6	10.46	507.24	-1563.05	1380.99
Error B	6	12.37	704.50	7273.24	6843.10
Total	35	677.31	47986.98	605865.42	815558.65

*Significant at 5 per cent probability level

APÊNDICE - VI

Análise de variância para atributos de rendimento

Sources of variation	d.f	Mean squares				
		No. of panicles (No./m^2)	Panicle length (cm)	Panicle weight (g)	Filled grain/ panicles (No.)	1000-grain weight (g)
Replication	2	0.18	1.44	0.32	93.75	2.77
Tillage (T)	2	1509.76*	206.27*	7.09*	7455.09*	123.01*
Error A	4	4.302	1.14	0.08	268.92	1.80
Weeding (W)	3	49994.87*	173.73*	23.39*	26763.30*	134.14*
T x W	6	132.96	91.76*	0.98*	1488.24*	90.15*
Error B	18	70.04	1.35	0.14	133.08	1.04
Total	35	51711.86	475.73	32.03	36202.40	352.93

*Significant at 5 per cent probability level

APÊNDICE- VII

Análise de variância para rendimento e índice de colheita

Sources of variation	d.f	Mean squares		
		Grain yield (q/ha)	Straw yield (q/ha)	Harvest index (%)
Replication	2	2.23	7.55	0.72
Tillage (T)	2	423.26*	107.02*	338.26*
Error A	4	2.49	5.59	3.12
Weeding (W)	3	1853.97*	3335.23*	2351.25*
T x W	6	48.44*	2.66*	8.70*
Error B	18	0.45	0.79	0.56
Total	35	2330.86	0.79	2702.63

*Significant at 5 per cent probability level

Custo comum de cultivo (Rs./ha)

Sl. No.	Item	Units	Rate (Rs./unit)	Cost (Rs./ha)
1	Field preparation			
	a) Levelling & stubble removal	8 labors	80	640.00
2	Seeds	50 kg	10	500.00
3	Furrow opening and sowing	10 labors	80	800.00
4	Manures and fertilizers:			
	a) FYM	10 tonnes	166	1660.00
	b) Urea	145 kg	6	870.00
	c) SSP	250 kg	4.85	1212.50
	d) MOP	66.67 kg	7	466.69
5	Manures and fertilizers	6 labors	80	480.00
6	Harvesting, threshing &	10 labors	80	800.00
7	winnowing	10 labors	80	800.00
8	Drying, bagging & carrying			1000.00
	Miscellaneous			
	Total cost of cultivation			9229.19

APÊNDICE - IX

Custo de cultivo por tratamento (Rs./ha)

Treatment	Inputs	Units	Rate (Rs./unit)	Total cost (Rs./ha)
T1	a) Summer ploughing by tractor	2	1000.00	2000.00
	b) Glyphosate	1 Kg	322.00	322.00
		2 labors	80.00	160.00
		Total		2482.00
T2	Summer ploughing by tractor	2	1000.00	2000.00
T3	Conventional ploughing	20 labors	80.00	1600.00
W1	Nil	Nil	Nil	0.00
W2	a) Hand weeding at 20 DAS	30 labors	80.00	2400.00
	b) Hand weeding at 40 DAS	30 labors	80.00	2400.00
		Total		4800.00
W3	a) Wheel hoeing at 20 DAS	16 labors	80.00	1280.00
	b) Wheel hoeing at 40 DAS	16 labors	80.00	1280.00
		Total		2560.00
W4	Butachlor	2 kg	220.00	440.00
		2 labors	80.00	160.00
		Total		600.00

Printed by Books on Demand GmbH, Norderstedt / Germany